U0053673
POST CARD
PEACH
STRAWBERRY

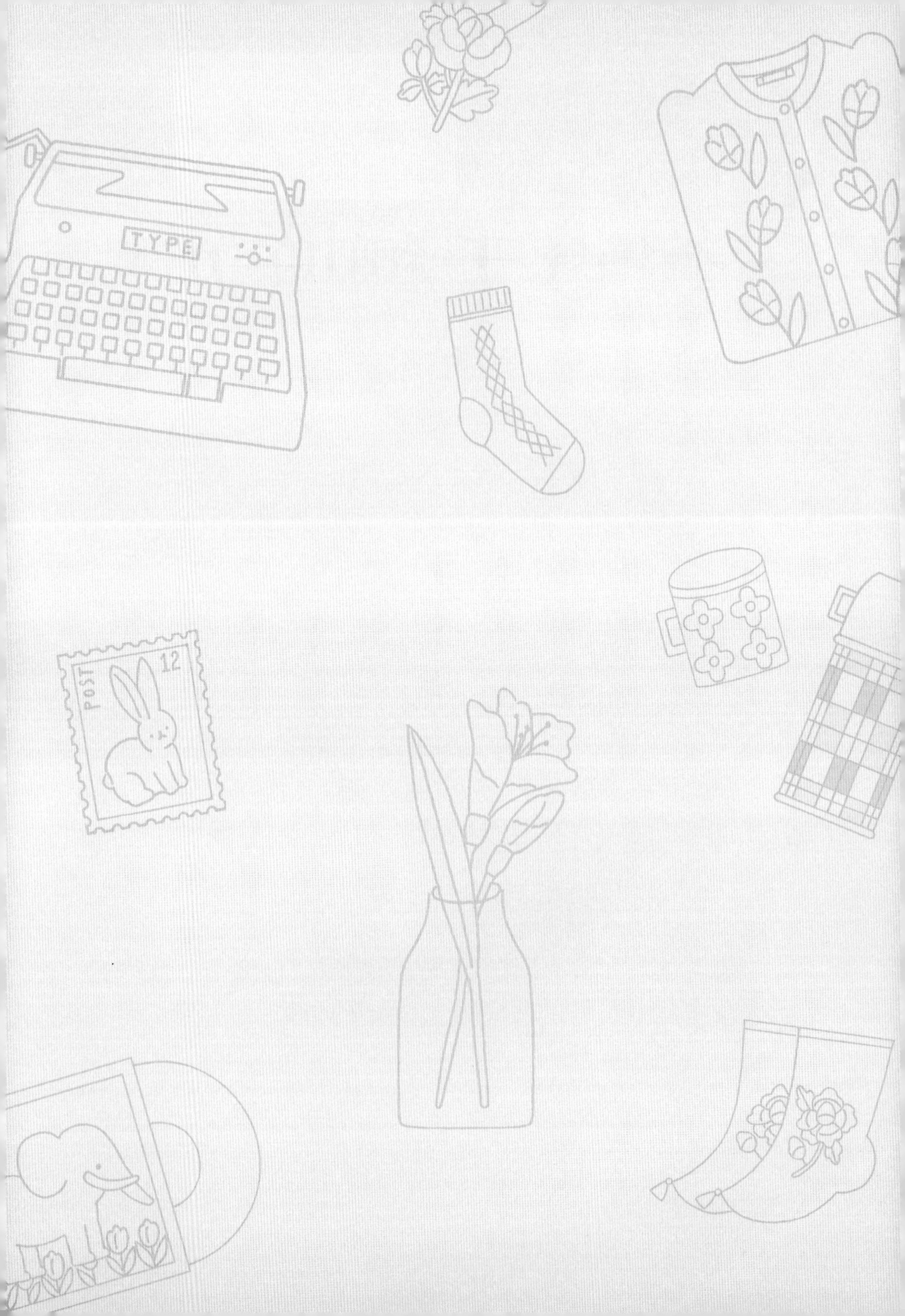
TYPE
POST
12

我的復古手繡時光

大風文創

POST-CARD
LOVE
YOUR
SELF

17
수고했어
오늘도.
POST CARD
OHIO

PROLOGUE

我非常喜愛日常生活中短暫且零星的復古情懷，偶爾停下來休息片刻，便會不時地映入眼簾。收納在抽屜深處的錄音帶，和老友書信往來的明信片，一張張蒐集保存下來的聖誕慈善郵票*，以及有著復古花紋圖騰的舊毛衣。這些沾染了使用痕跡的老物件，無論時光流逝、年紀漸長，都能帶領我回顧憶起當時的心情。

我將長時間珍藏的溫暖記憶化作繪畫、蒐集起來，以色彩溫暖且清新的復古刺繡再現。

用懷舊的風格探索往日的記憶喚起共鳴，總能帶給人沉穩的安慰。縱使未曾生活在那個時代，也能依稀體會到的鄉愁，環繞著熟悉卻又新穎的氛圍撲面而來。

讓我們帶著純粹的好奇，將那些珍貴的往日回憶、又或未能親身經歷的光陰，繡成復古風情的懷舊刺繡吧。期盼這一針一線、緩慢且扎實的刺繡時間，亦成為讀者們能夠安心地舒緩呼吸、逗點符號一般的休憩時光。

---

* Christmas seal，慈善機構發行的彩色郵票，在耶誕節時可貼於信封上，最早是用於籌措慈善基金，目前許多兒童福利項目也會在耶誕節時發行，提高對慈善計畫的關注。

CONTENTS

序言
4

開始刺繡之前

閱讀本書的方法
12

材料與工具
14

刺繡的基礎
16

本書使用的刺繡技法
19

刺繡時的小祕訣
26

製作小物的方法

藏針縫
186

吊飾
187

鑰匙圈
189

毛邊繡繡片
191

布料收邊
192

針插
193

緞面繡繡片
196

像素畫胸針
197

束口袋
198

附蓋小袋子
201

復古風情刺繡

1

復古風針織衫
30

2

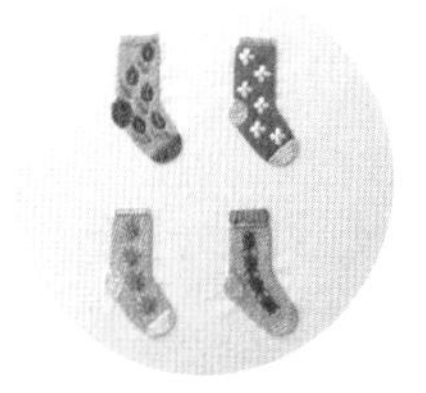

襪子
34

3

打字機、縫紉機、
電話、檯燈
38

4

收音機與卡式錄音帶
44

5

零星小物
50

6

相機與底片
56

7

黑膠唱片機與
LP黑膠唱盤
60

8

溜冰鞋、棒棒糖、
心型墨鏡、冰淇淋
66

9

懷舊玻璃杯
70

10

韓服罩衫
76

11

節慶蛋糕
80

12

復古罐頭
84

13

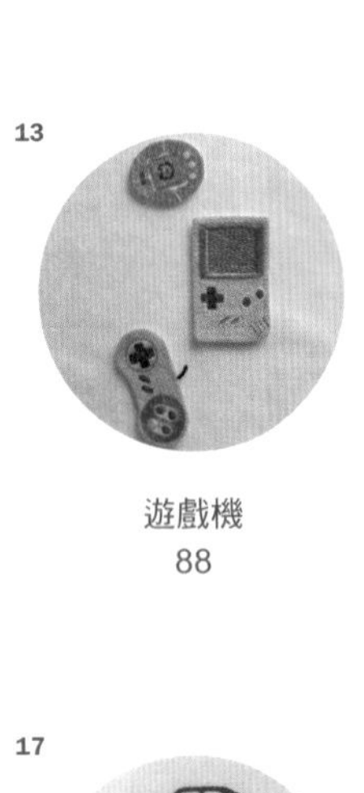

遊戲機
88

14

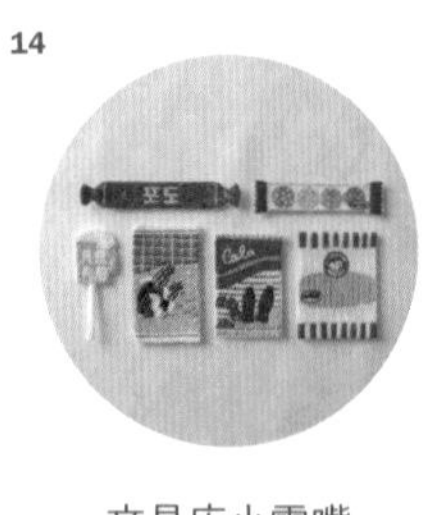

文具店小零嘴
92

15

童年時期
98

16

懷舊廚房
102

17

復古汽車
106

18

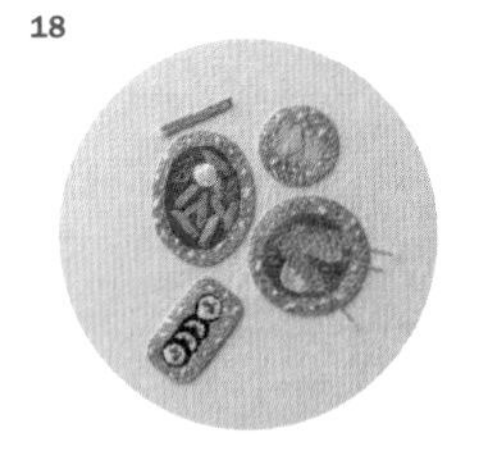

辣炒年糕與美耐皿餐具
110

19

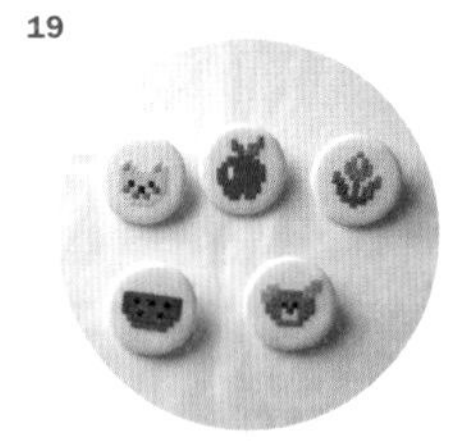

像素圖畫
114

20

懷舊小物
118

21

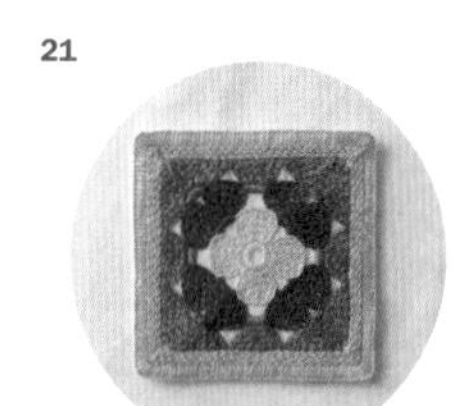

毛邊繡鉤針織片
122

22

鋼筆與明信片
126

23

花瓶與一盞茶
130

24

新復古風
134

25

日曆與蠟燭
138

26

書桌
144

27

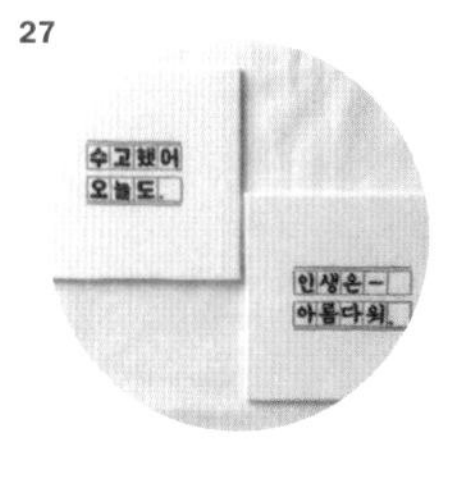

韓文文字設計
148

28

英文文字設計
152

29

電視與螺鈿櫥櫃
156

30

懷舊四季LOGO
160

31

彩繪玻璃
164

32

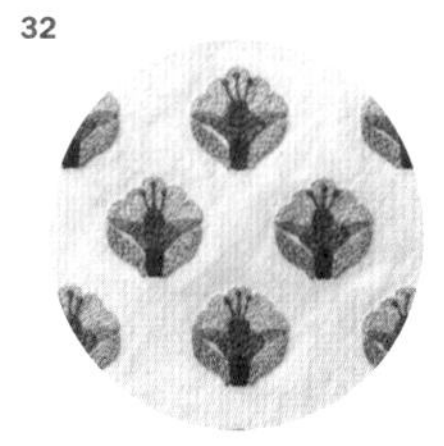

復古花紋圖騰
168

33

傳統小物
172

34

小熊玩偶
176

35

花園錄影
180

BASIC

開始刺繡之前

閱讀本書的方法

充分掌握本書中使用的刺繡技法後，準備好圖樣所需的繡線，再參考刺繡順序與說明，按部就班地刺繡。刺繡時以圖樣為基礎，與作品的實際照相互比對，較有助於理解圖樣設計哦。

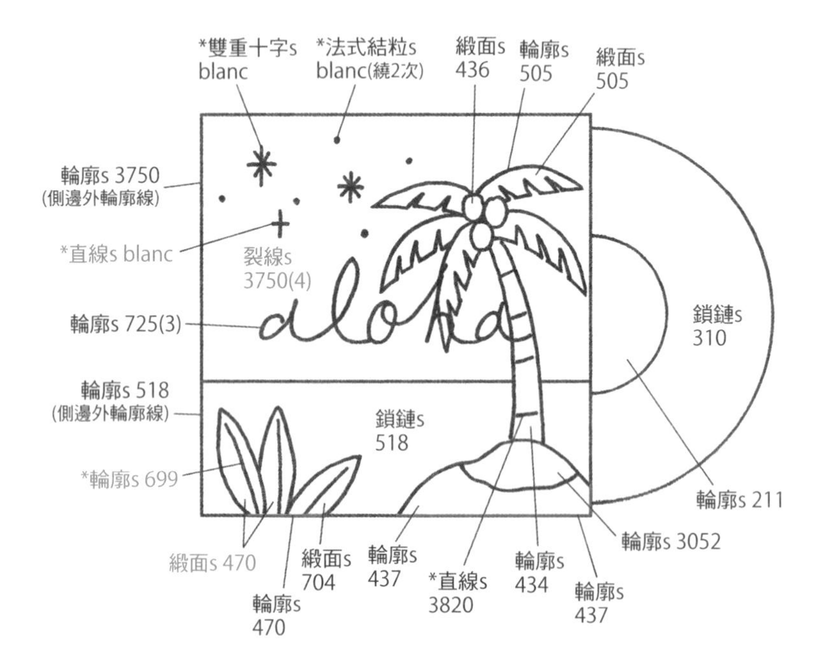

- 技法後的s為刺繡技法（Stitch）的縮寫。

- 刺繡技法－繡線編號－(股數)

  例）輪廓s 725(3)：以3股725號線做輪廓繡。

- 本書中大部分皆使用2股繡線進行刺繡。

  若技法後方未標示繡線股數，皆以2股繡線進行刺繡。

- 括號內會簡單標註繡線纏繞次數、刺繡部位等相關說明。

  例）法式結粒s blanc(繞2次)：以2股blanc繡線纏繞針兩次做法式結粒s。

  輪廓s 3750(側邊外輪廓線)：僅在側邊外輪廓線處，以2股3750號線做輪廓s。

- 標有 * 記號的刺繡步驟。

  - 位於步驟之前的 * 記號代表刺繡的順序。

    須先完成與 * 步驟相鄰的刺繡面之後，再將 * 步驟疊加繡在該平面之上。

    由於細小的線條容易與刺繡面融合，若要突顯線條，須先將基底的刺繡面緊實地繡好，再於上方做刺繡，如此才能強調出線條。

    例）闊葉樹：以2股470號線做緞面s繡葉子→在葉面上以2股699號線做輪廓s繡葉脈。

    天空：以4股3750號線做裂線s繡天空→在天空上以2股blanc繡線做直線s繡星星。

  - 當 * 步驟的範圍較大時，會較難將圖樣精準地描繪在刺繡面上。

    若遇到這種情況，可稍微預留出 * 步驟的繡線位置，先繡好相鄰面，再於平面上疊加 * 步驟。

材料與工具

1　繡布

選擇與圖樣設計合適的繡布。太過單薄的布料張力不佳，很難在布面上穩定刺繡，因此最好選擇厚度適中的繡布。本書主要選用的是粗棉布與亞麻布。粗棉布以16～20支，亞麻布以11支左右為宜，支數越大，代表布料厚度越輕薄。

2　繡線

繡線種類繁多，根據製造商、厚度與特色等各有不同。本書主要使用DMC 25號繡線，是最普遍使用的繡線，也易於操作。一束繡線約長8m，由6股線組成，可以自行抽取出需要的股數來使用。

3　捲線器

用來纏繞、整理線繩的捲線板。

4　繡針

根據針的粗細與針眼大小分為3～9號，號數越大、繡針越細且針眼也越小。1～2股使用7～9號，3～4股使用5～6號，5～6股則選用3～4號繡針。

5　繡框

維持繡布緊繃，幫助刺繡能更平整俐落。請依據圖樣大小選擇適當的尺寸，一般可以選用15cm以下的尺寸，較適合單手抓牢進行刺繡。

6　剪刀

剪刀分為布剪與刺繡用的線剪。布剪用於裁剪繡布，線剪則用於修剪繡線，或手邊沒有拆線刀時可替代使用，主要用來進行細緻的作業。

7　水消筆

沾水就能消除痕跡的筆，刺繡後收尾時較易清潔乾淨。繪製時若下筆過重，有時候布料晾乾後仍會留下痕跡，因此需要充分浸濕布料清洗。

8　劃粉筆

在水消筆難以繪製的暗色繡布上使用。

9　描圖紙

具有半透明特性的紙張，於覆蓋圖案照描時使用，可以防止損壞原圖樣。

10　轉寫紙

用於將描圖紙上的圖案轉印至繡布上。繡布洗滌後可能會留下痕跡，描繪時請注意不要太用力。

11　針插

軟墊形式的針墊。刺繡時往往需要變換繡線顏色，因此會插上好幾根繡針備用。

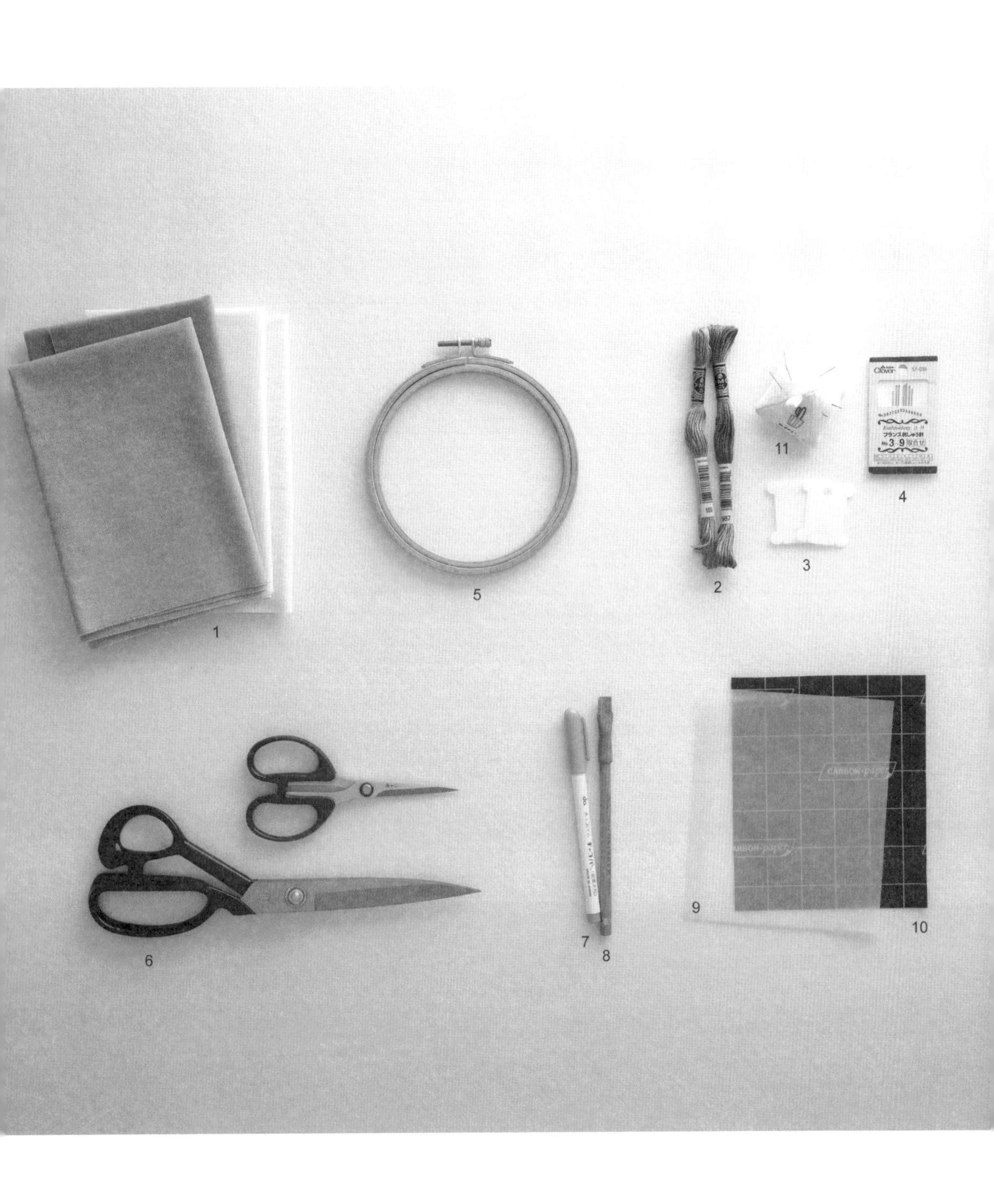
1
5
2
11
3
4
Clover
No.3~9
CARBON-paper
6
7
8
9
10

刺繡的基礎

準備繡布

由於棉布或亞麻布在清洗後可能會有縮水的現象，刺繡前須先洗滌後熨燙平整再使用。

繪製圖樣

轉寫紙與描圖紙

1. 將描圖紙放在圖樣上，用鉛筆描繪。
2. 依序在繡布上放轉寫紙與描圖紙，並用紙膠帶或圖釘固定，使紙張不會移動。
3. 用鐵筆或沒水的原子筆將圖樣描一遍。為了防止移動轉寫紙造成汙漬，建議只要描整體的大致線條，再用水消筆對照著圖樣直接繪製細部。

水消筆

另一種轉描圖樣的方法，可將需要轉印的圖樣和繡布依序放置在透明玻璃上，只要使玻璃上放置繡布的另一側更明亮，玻璃就能達到燈箱的作用，再以水消筆在布料上繪製映照出來的圖樣即可。

使用繡框

把繡框分離後，將繡布放在內環上，再將帶有螺絲的外環壓扣在繡布上。適當地旋轉螺絲，均勻拉扯繡布使其變得緊繃平整，再旋緊螺絲。

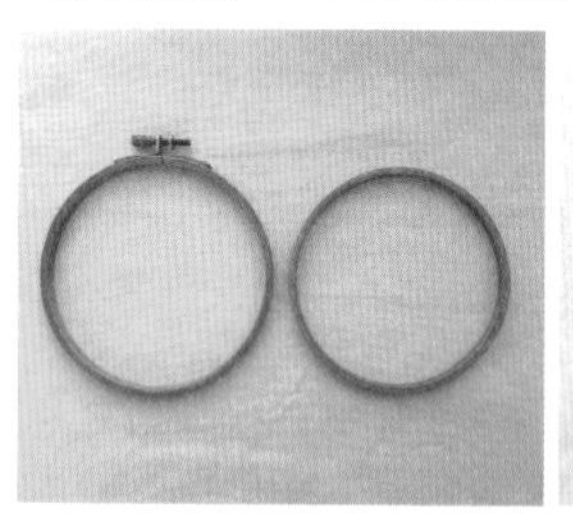
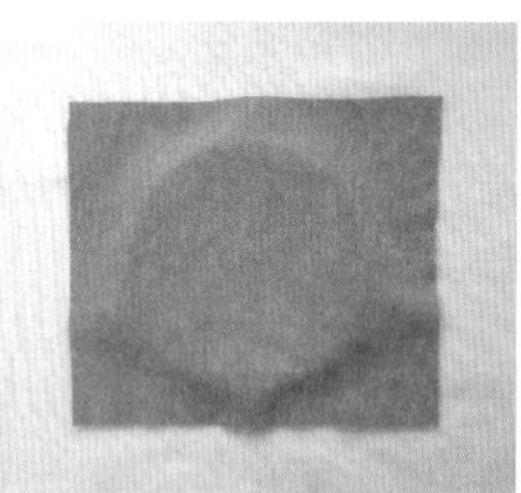
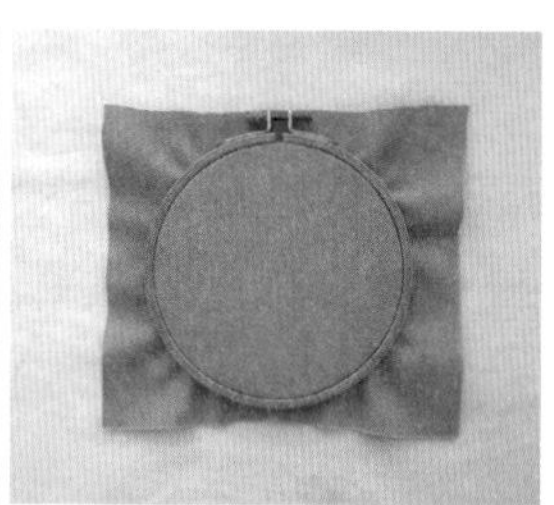

用捲線器整理繡線

將對折的繡線分開，把線頭穿進捲線器的孔洞中，均勻地纏繞。此時可將線團掛在前臂或筆桿等桿狀物上，會更易於捲繞。纏繞完畢後，將剩餘的線頭卡進捲線器的夾槽中，再標上繡線號碼即可。

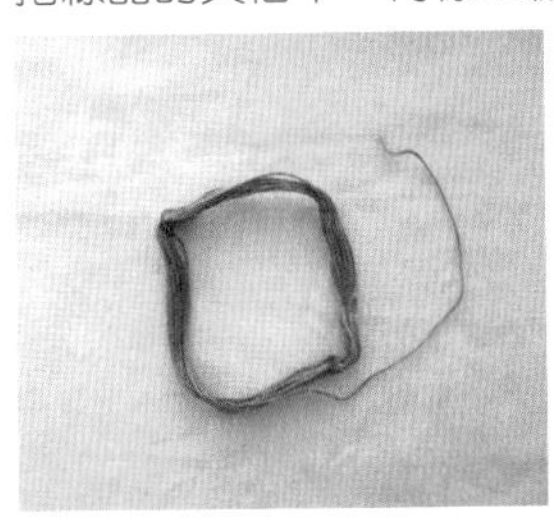

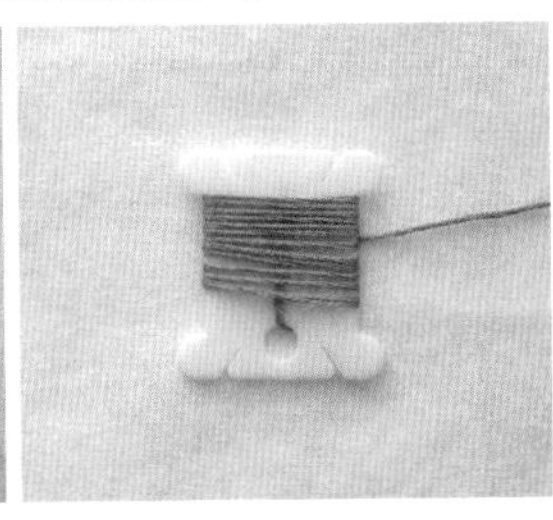

使用繡線

先剪裁好需要的長度後，抽取需要的股數來使用。繡線過長會容易糾結成團，一次剪裁約50cm較為合適，如同在拆線一般緩緩分離線股後抽出。

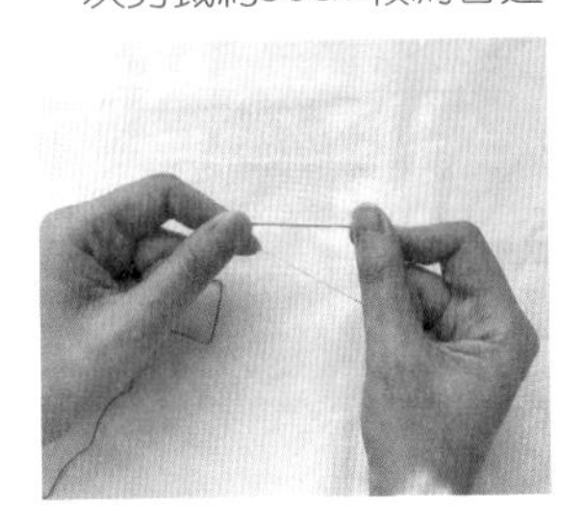

線繩打結

1. 將線頭放在繡針下，用拇指按壓固定。
2. 拉住繡線在繡針上纏繞1～2圈。
3. 用拇指與食指輕輕捏住線圈纏繞的部分，將繡針抽拉到底，再將繩結部分多餘的繡線剪短。

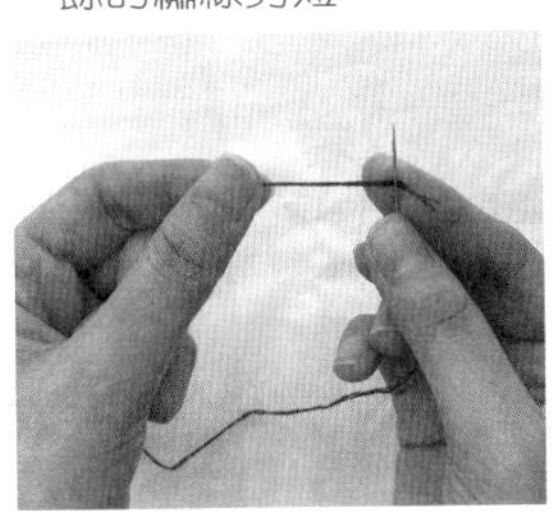

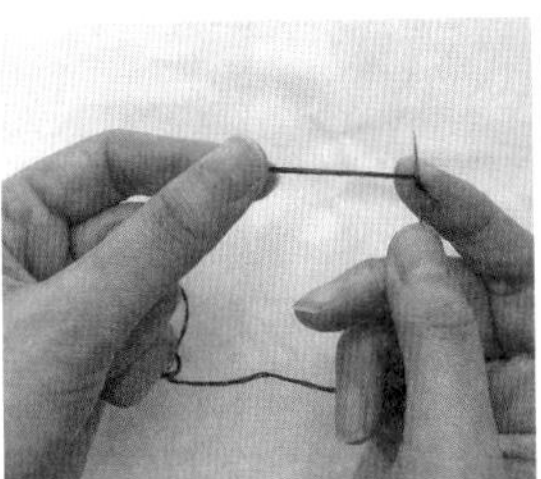

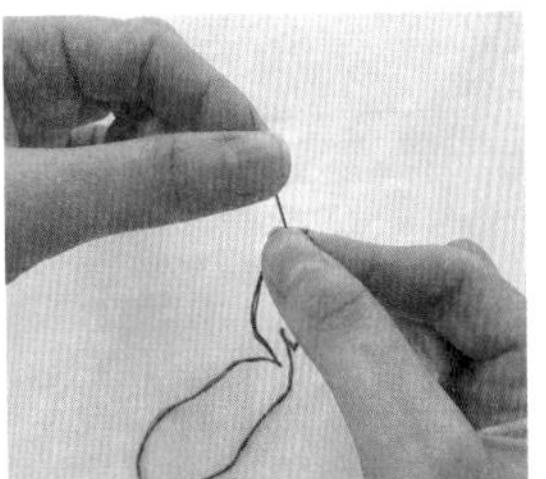

繡線收尾

線

在刺繡的背面，將繡針多次穿過繡線與繡布之間後剪掉多餘的線。一個針腳穿針一次，往相同方向持續穿繞約3～4次。

面

在刺繡的背面，將繡針多次穿過整個刺繡面後剪掉多餘的線。

* 若是需要經常清洗的刺繡物，以繩結收尾更為牢固。

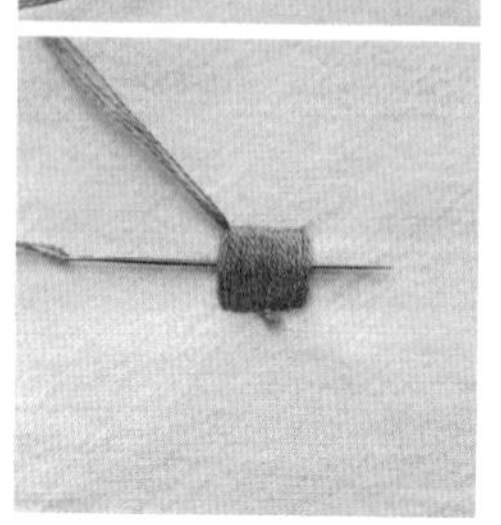

刺繡熨燙

繡線若直接接觸到熱，就會變得扁平並浮現油亮的光澤，若發生這種現象則很難恢復原狀，建議在刺繡背面進行熨燙。如果必須熨燙正面的話，務必在刺繡上覆蓋一層薄布料再做整燙，先燙平空白處，盡量避免直接熨燙刺繡部分。

本書使用的刺繡技法

回針繡

這是表現線條最基本的技法。不斷重複前進一針、再返回一針進行刺繡。

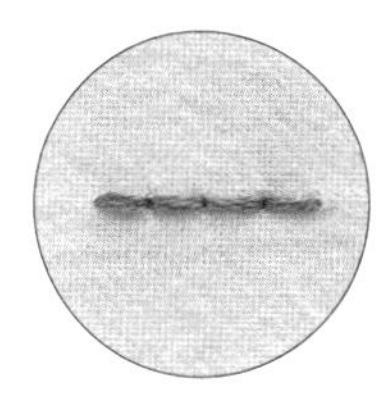

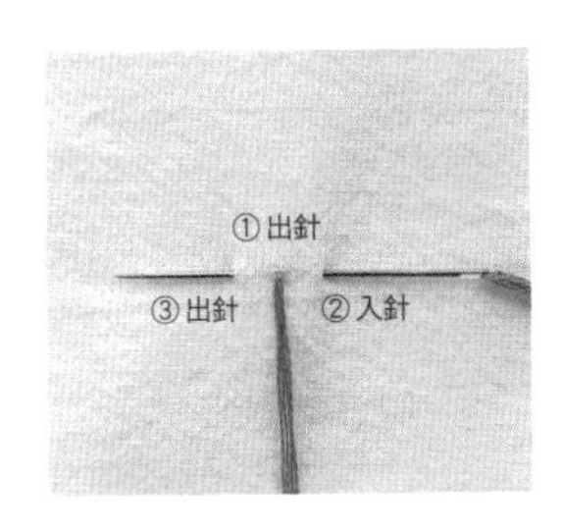

1. 從起始點開始，由內側繡下第一針針腳。

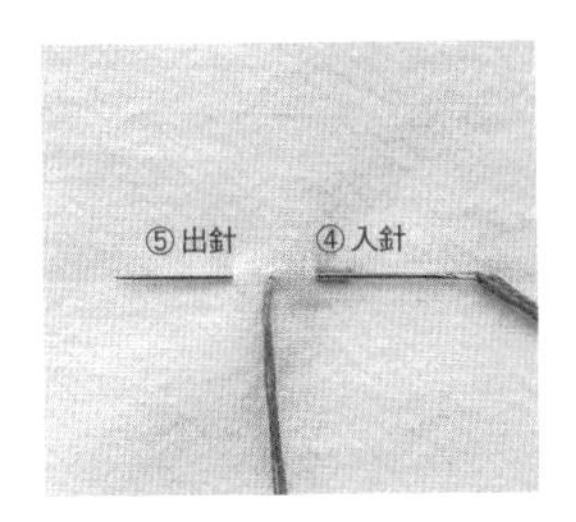

2. 重複步驟④、⑤，每一針都必須在前一針腳的相同針孔入針，才能維持平整地繡出直線。

直線繡

以一個針腳表現直線的技法。

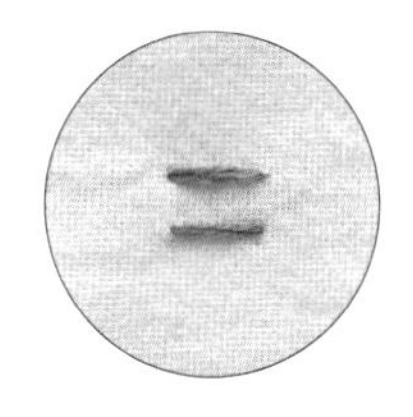

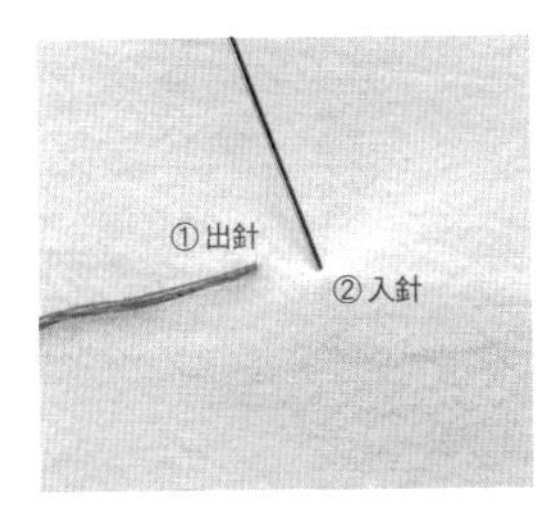

須留意繡線與繡布之間要保持平整，不可留有空隙。

輪廓繡

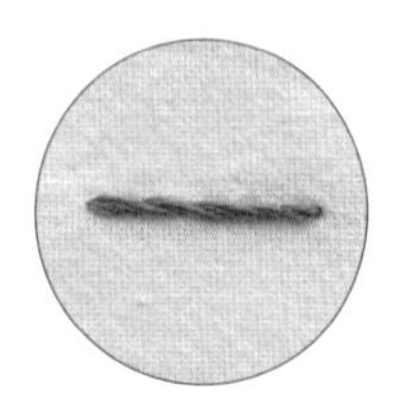

能夠同時表現線與面的技法。

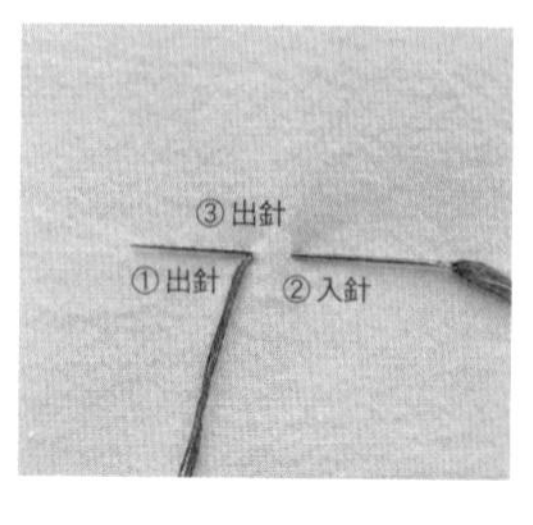

1. 將繡線保持在下方位置進行刺繡，若想表現尖端細膩的形狀，步驟③可在約半個針腳的位置出針。

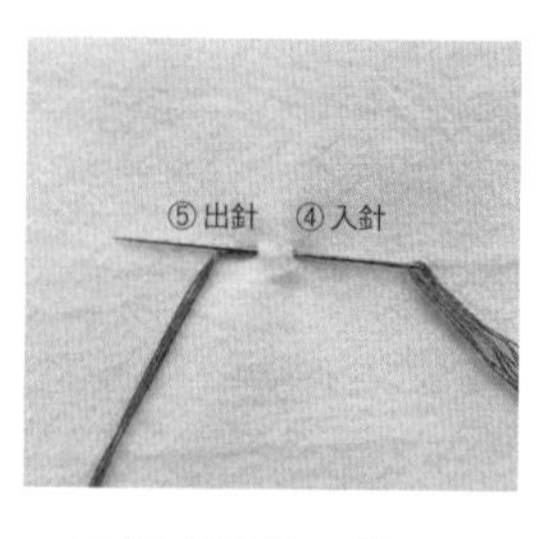

2. 重複步驟④、⑤。

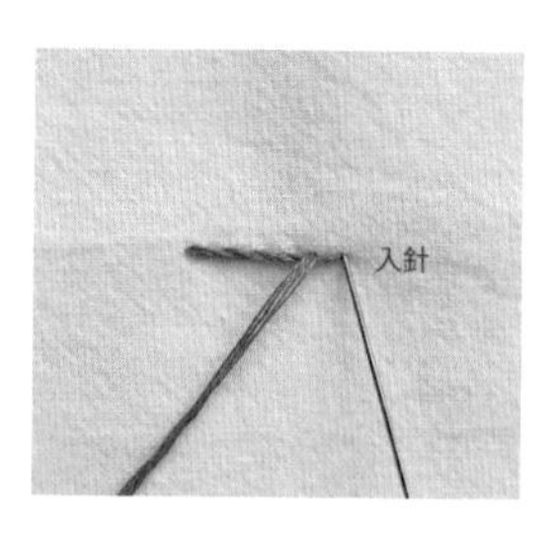

3. 在最後一針腳的針孔入針進行收尾。

TIP 連接輪廓繡

更換繡線

在最後一針腳的內側中央位置，由繡線上方出針，繼續刺繡。

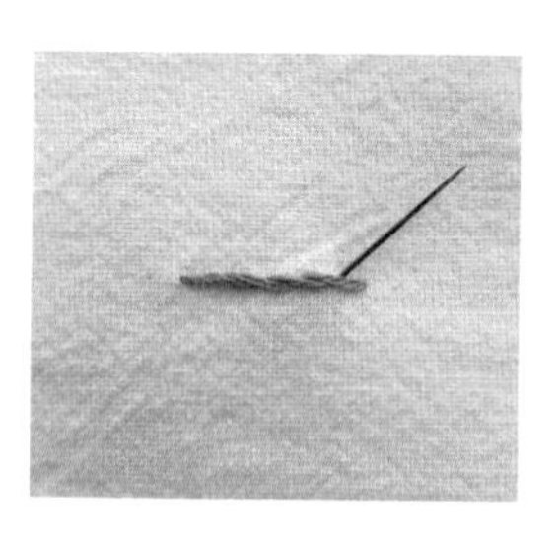

連接刺繡並收尾

繡至最後一步，往欲連接的針腳中央下方位置入針，進行收尾。

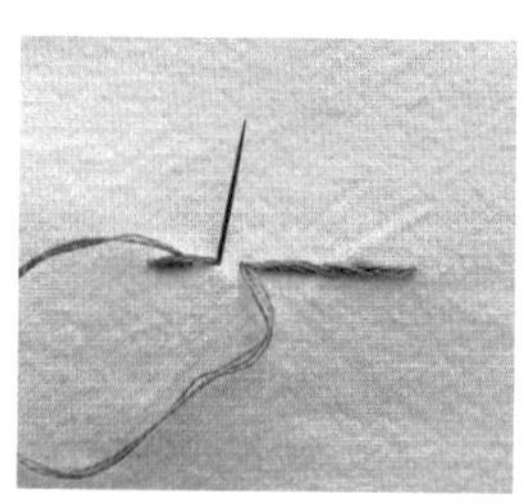

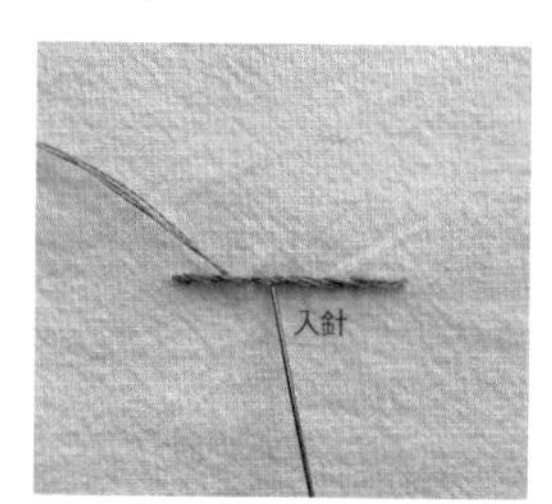

裂線繡

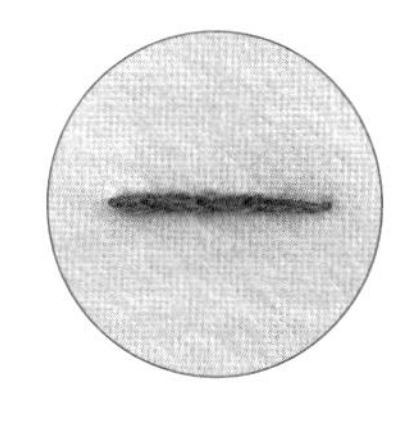

能夠表現線與面的技法。利用將繡線由中央分開後再出針的方法，形似細薄的鎖鏈繡。

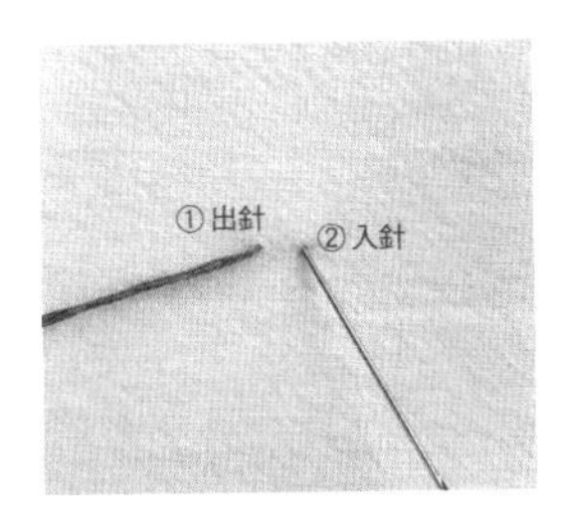

1. 先進行一針直線繡。

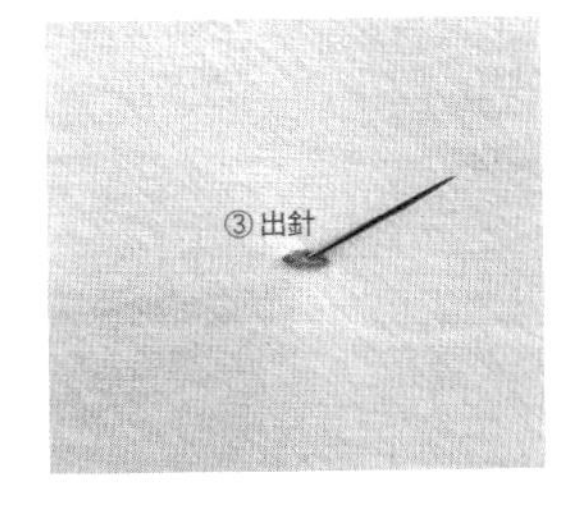

2. 將線分開後從繡線中央出針。

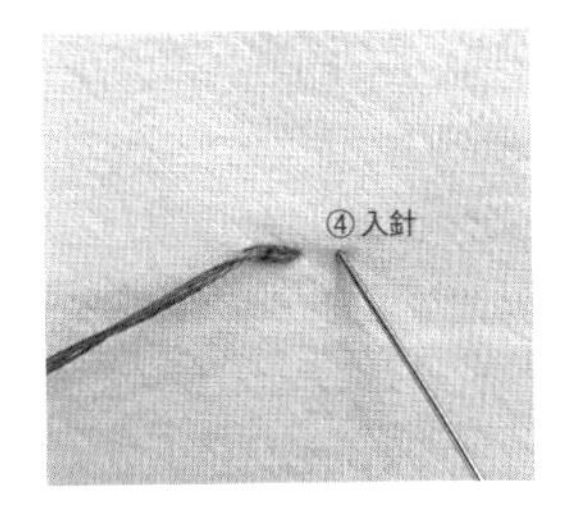

3. 重複步驟③、④。

雛菊繡

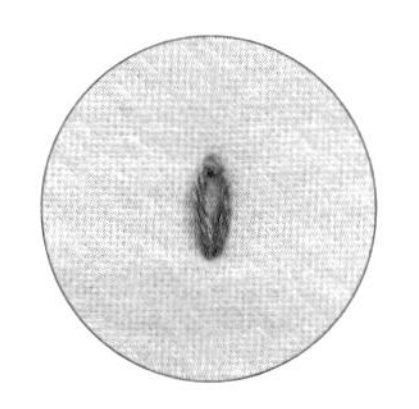

表現花瓣的技法。

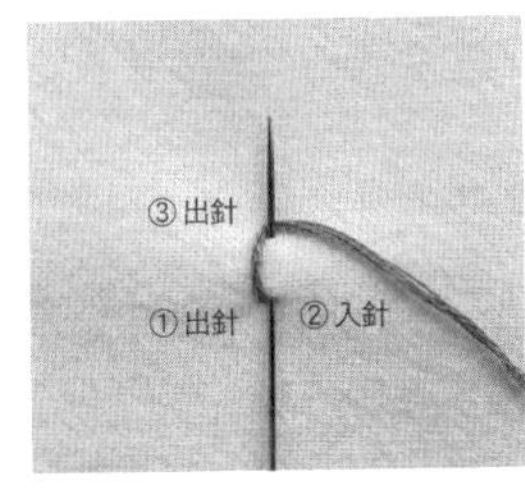

1. 步驟①、②間的間距越窄，花瓣形狀越漂亮。在步驟③出針時先穿過一半，將繡線繞過繡針下方再抽出繡線。

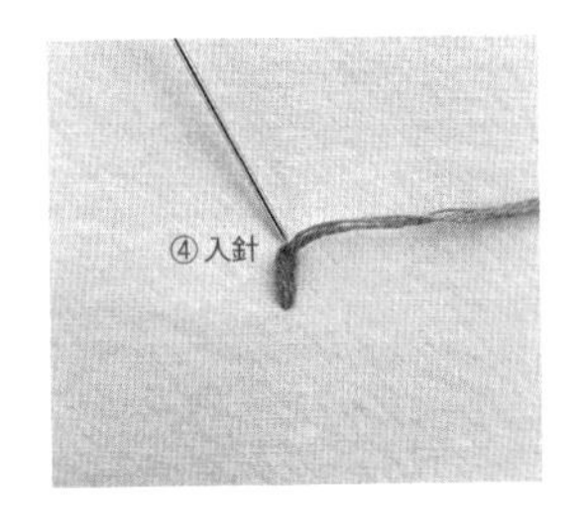

2. 在花瓣形狀的頂點上方入針進行固定。

雙重雛菊繡

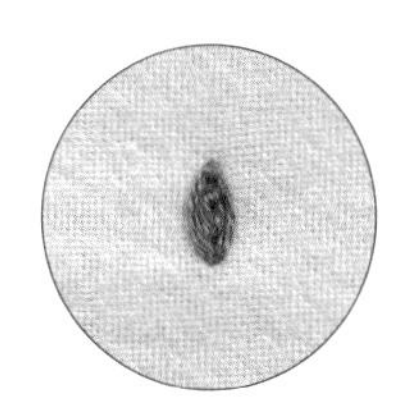

表現花瓣的技法，重複進行兩次雛菊繡形成的模樣。

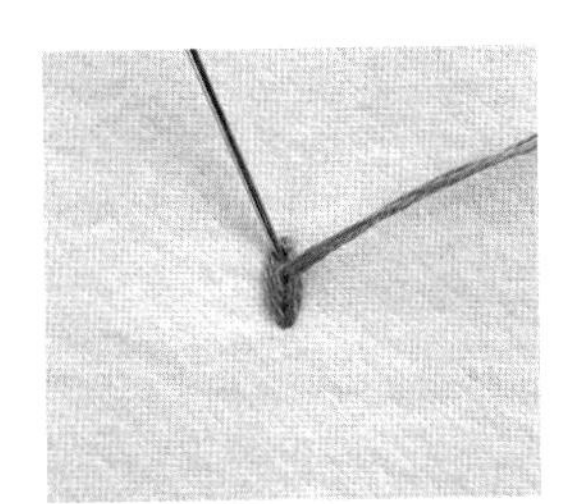

先進行一次雛菊繡，在花瓣形狀內側再重複刺繡一次。

鎖鏈繡

用來表現線與面的技法。針腳越長則鏈狀越細長、針腳越短則越厚實，請維持均等的間距進行刺繡。

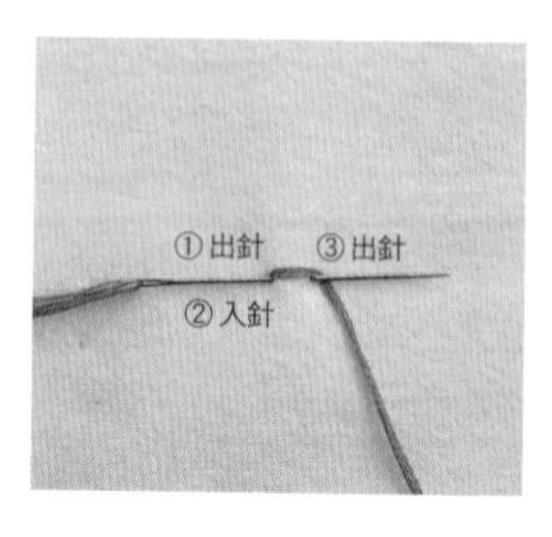

1. 步驟①和②的位置盡量不留間隙、密合重疊。步驟③出針時先穿過一半，將繡線繞過繡針下方後再抽出繡線。

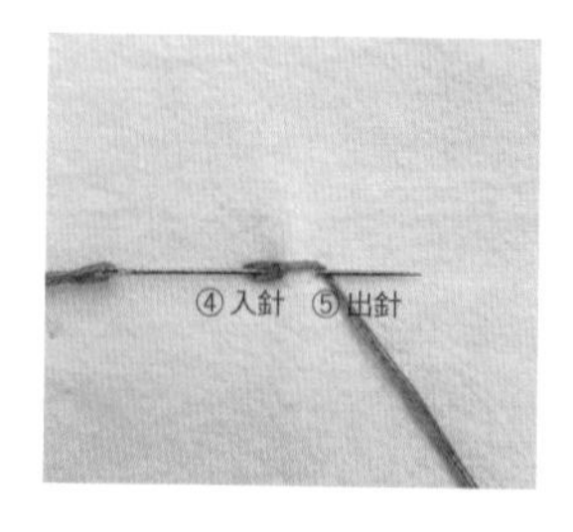

2. 將繡針由鎖眼內側入針，把繡線繞過繡針下方出針。重複步驟④、⑤。

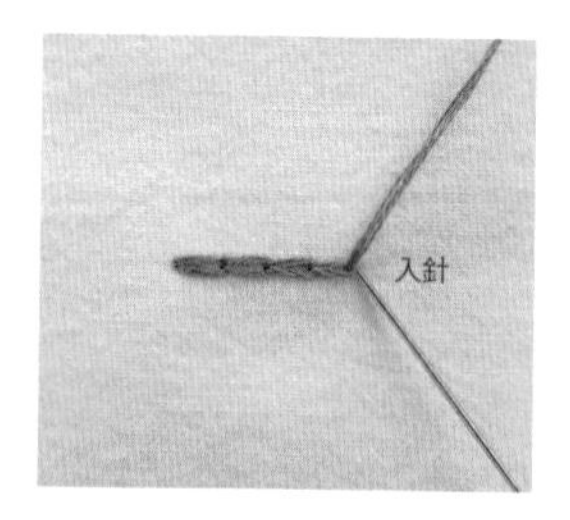

3. 在最後一個鎖眼頂端入針收尾。

TIP **連接鎖鏈繡**

更換繡線

從最後一個鎖眼內側出針，繼續刺繡。

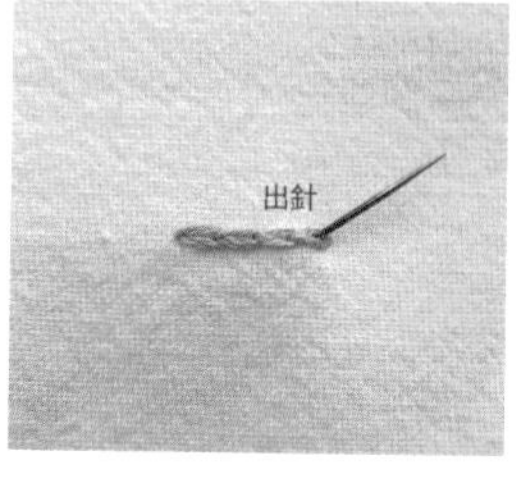

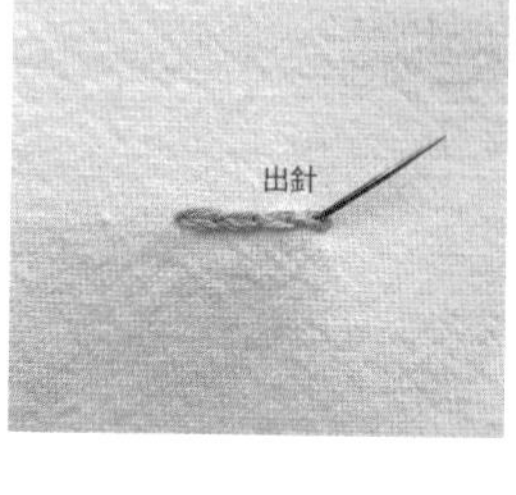

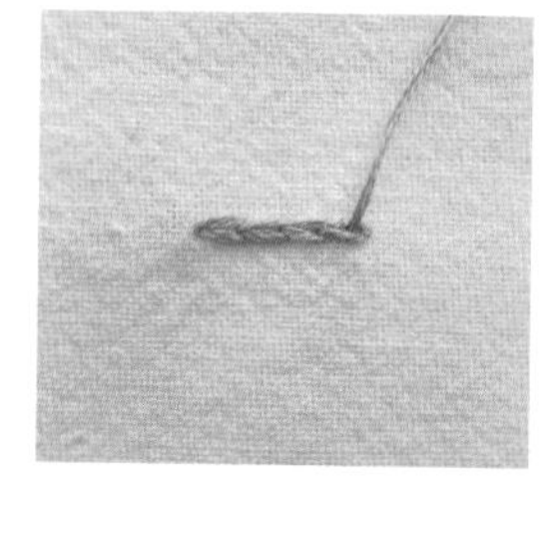

連接刺繡並收尾

將前一個針腳繡好後，將繡針穿過欲連接的鎖眼的繡線與繡布之間。並往步驟①的位置入針後進行收尾。

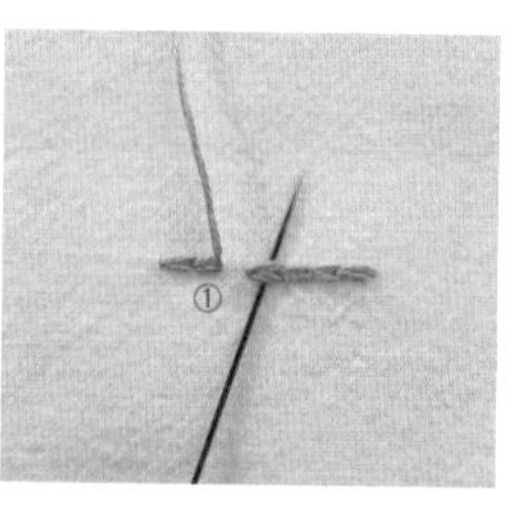

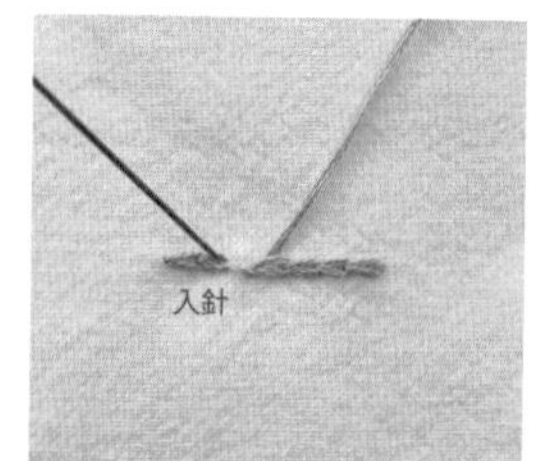

緞面繡

表現平滑面的技法。繡線與繡布之間要保持平整緊實，才能繡出俐落的平面。

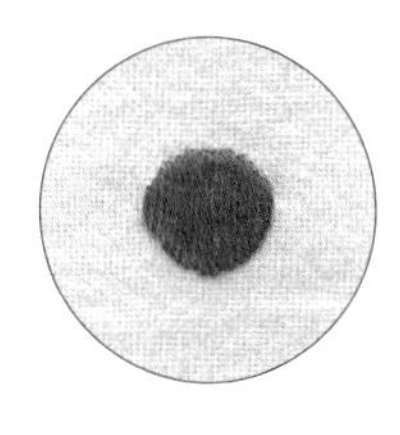

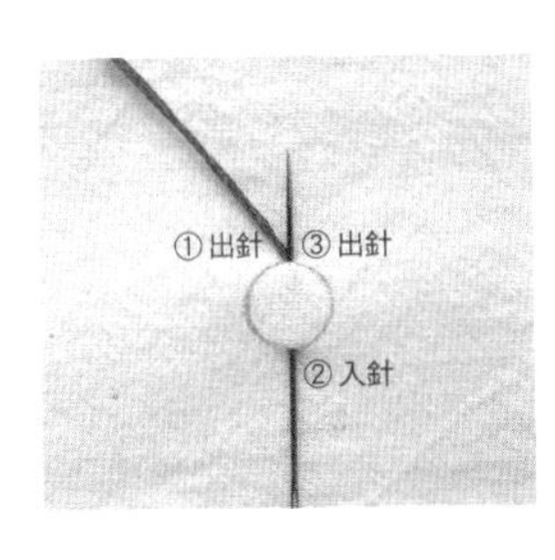

1. 由平面的中央部分開始刺繡。

2. 填滿半個平面後，再從步驟①處出針填滿剩餘的空間。

毛邊繡

主要用於替布料的邊緣收邊時使用的技法，刺繡時要維持均等的間距。

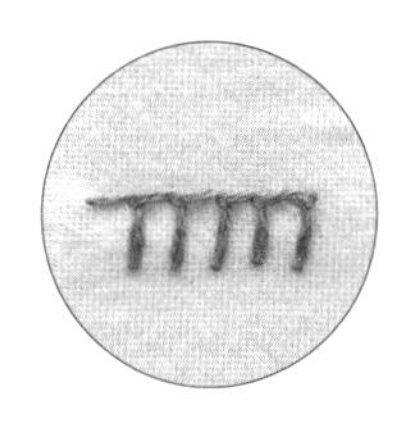

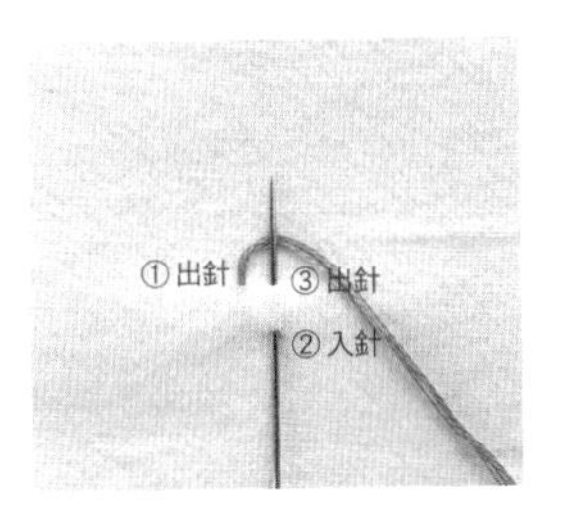

1. 在③出針時先穿過一半，將繡線繞過繡針下方再抽出繡線。

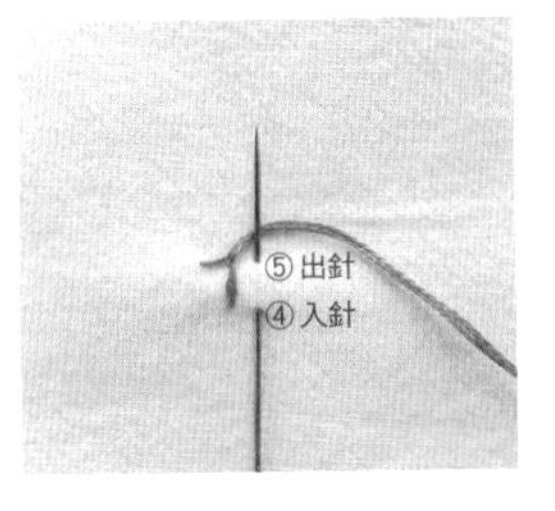

2. 維持相同的間距，重複步驟④、⑤。

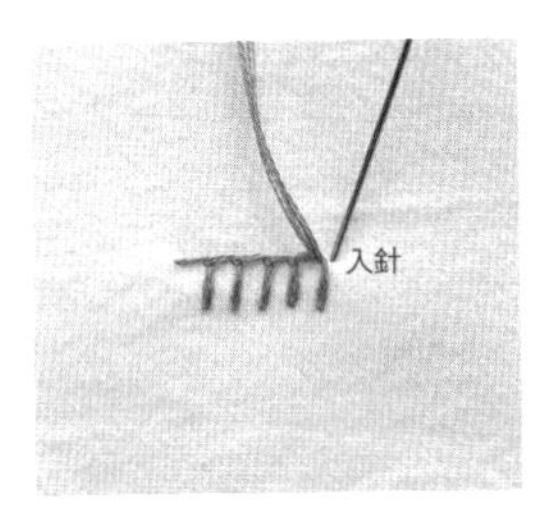

3. 在最後一環的邊角旁入針收尾。

法式結粒繡

表現點的技法，想利用立體感來填滿平面時也很實用。刺繡時若受到擠壓，結粒繡可能會散開，建議留到最後再刺繡。若是做密集刺繡，由於結粒繡能緊密貼合、不易散亂，於刺繡中進行也無妨。

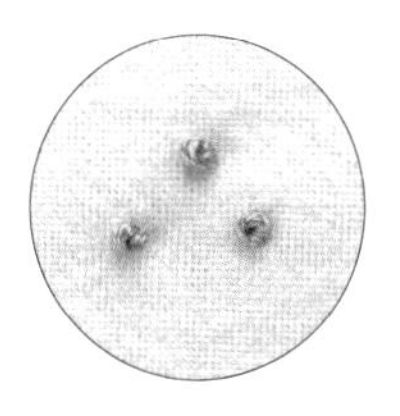

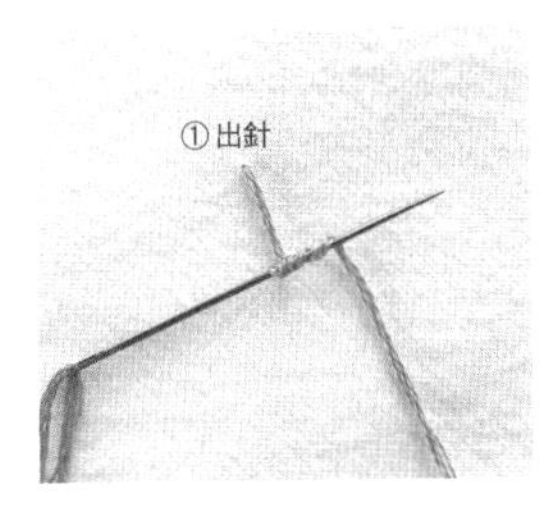

1. 將繡線在繡針上纏繞數回，繞越多次、結粒的顆粒越大。

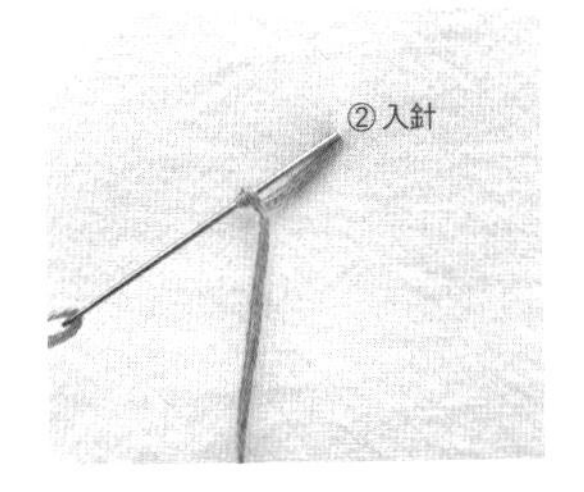

2. 拉緊纏繞的繡線，在步驟①的針眼或鄰近處入針過半。

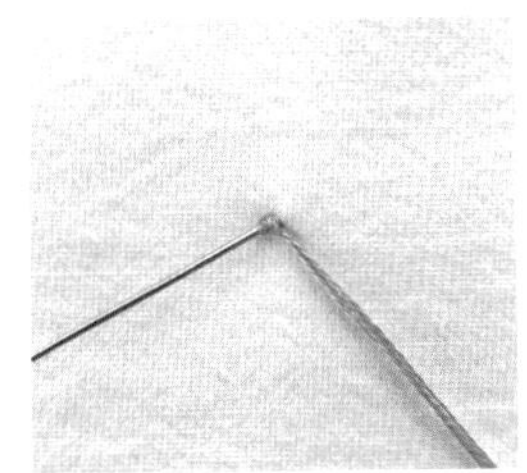

3. 將纏繞的繡線聚攏為顆粒狀，抽拉繡線直到顆粒緊貼繡布，再將繡針穿出。

捲線繡

主要用於表現花的技法，本書中則用於表現蛋糕的鮮奶油圖樣。

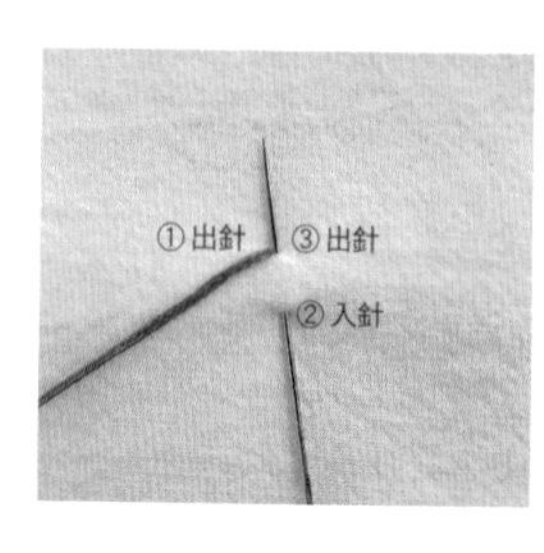

1. 於步驟③出針時先穿過一半。

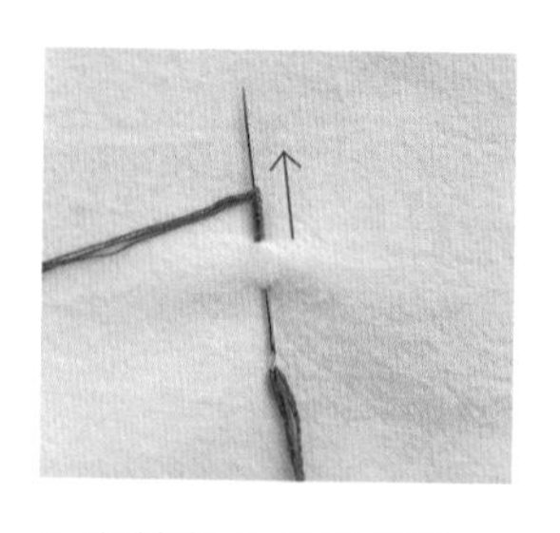

2. 在繡針上纏繞繡線，纏繞次數略長於針腳長度（步驟②與③的間隔）。纏繞長度過長便可形成拱形，用手固定住纏繞好的繡線，抽出繡針。

3. 將纏繞好的繡線下拉至步驟②，緩緩拉動繡線整理線圈形狀，使線圈與繡布貼合平整後，入針收尾。

長短針繡

表現平面的技法，重複一長一短的針腳進行刺繡。

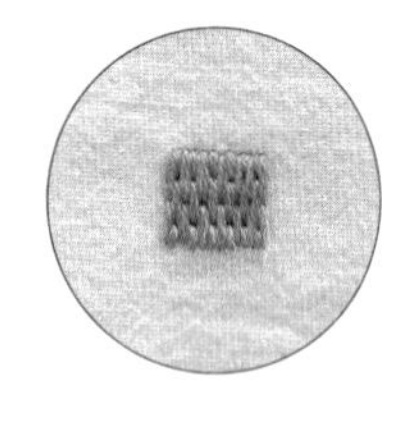

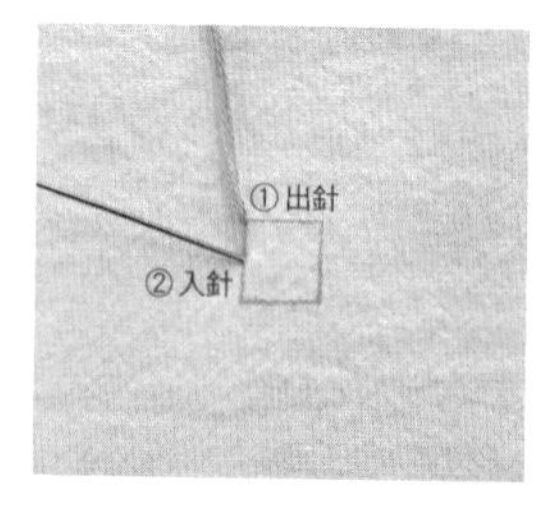

1. 先繡一個長的針腳。

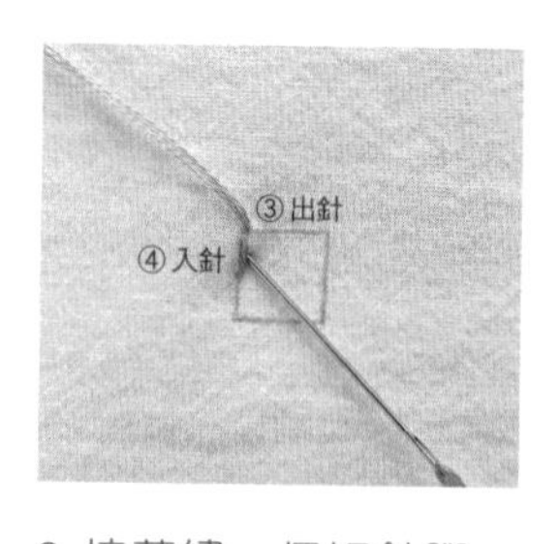

2. 接著繡一個短針腳，長度約為長針腳的一半。重複一長一短下針進行刺繡。

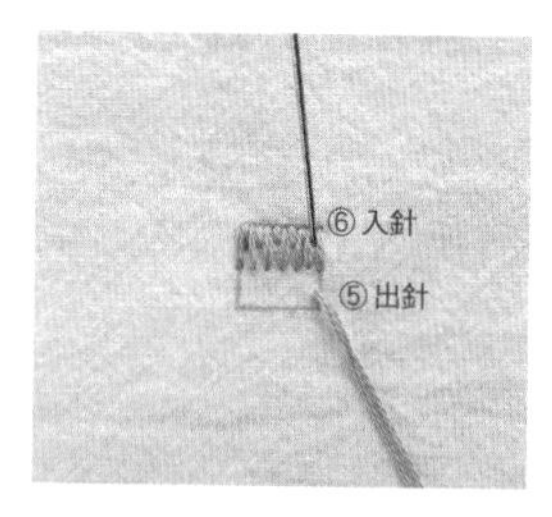

3. 從第二段開始，在上一段的短針腳正下方繡一個長針腳。

4. 最後逐一填滿剩餘的短針腳後進行收尾。

葉形繡

表現葉子的技法。

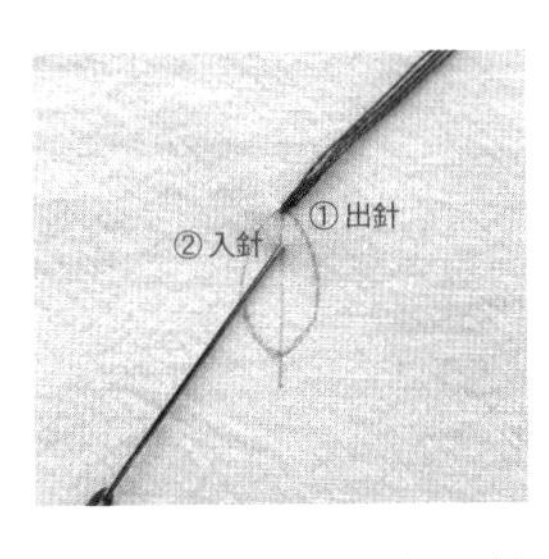

1. 在葉脈起始處繡一針直線繡。

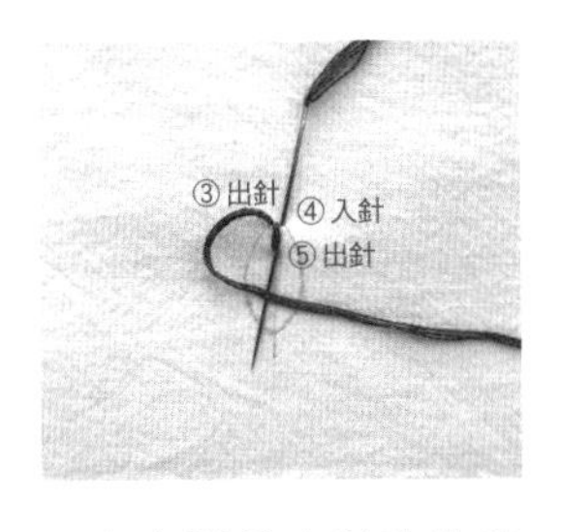

2. 在步驟⑤出針時先穿過一半，將繡線繞過繡針下方後再抽出繡線。

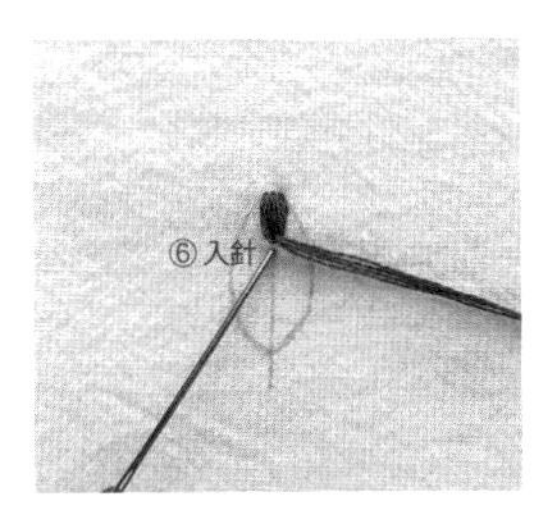

3. 形成鎖眼之後，在鎖眼的底端入針固定。重複步驟③～⑥。

十字繡

繡出十字形狀的技法。

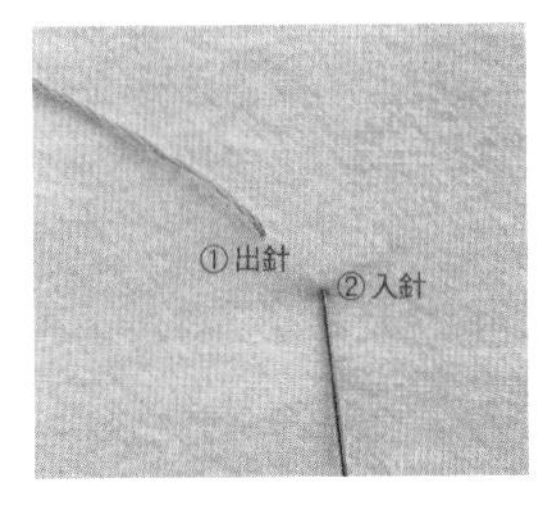

1. 在對角方向繡一針直線繡。

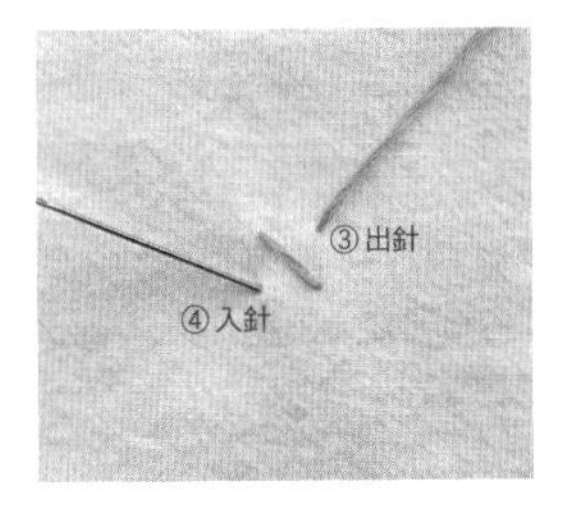

2. 進行交錯的十字型刺繡並收尾。

雙重十字繡

表現星星或閃爍模樣的技法。

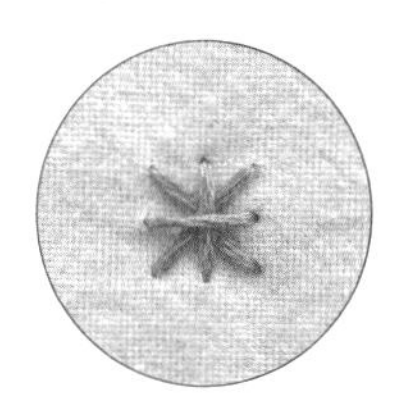

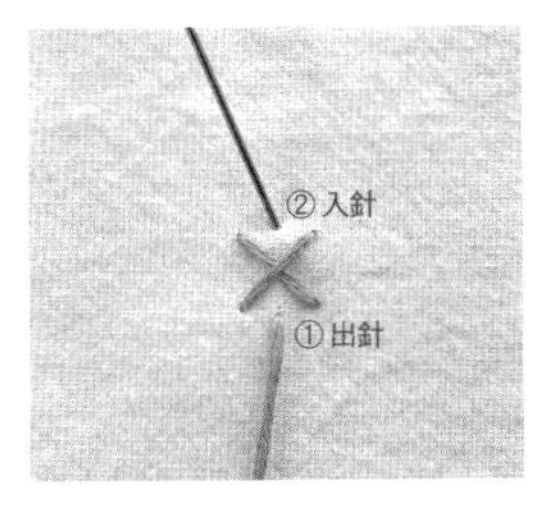

1. 進行十字繡之後，豎向做一針直線繡穿過正中央。

2. 橫向進行一針直線繡後收尾。

刺繡時的小祕訣

改變角度的線條

當外輪廓的角度改變時，若直接繼續刺繡，不容易表現出邊角銳利的形狀。建議將直線進行收尾，更換角度後再從同一點重新開始刺繡，就能漂亮呈現。

在背面繞針

將直線刺繡收尾後，於背面將繡針通過前一個針腳下方，重新由收尾處①出針，繼續刺繡。

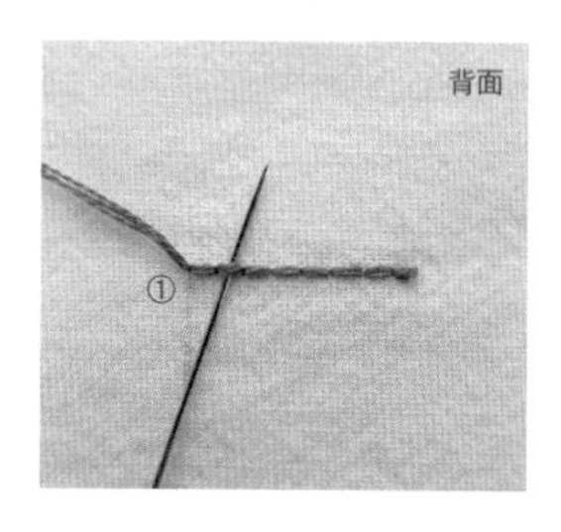

多繡一個針腳

將直線刺繡收尾後，在正面繡出極小的一針，並由直線收尾處重新出針後再繼續刺繡。

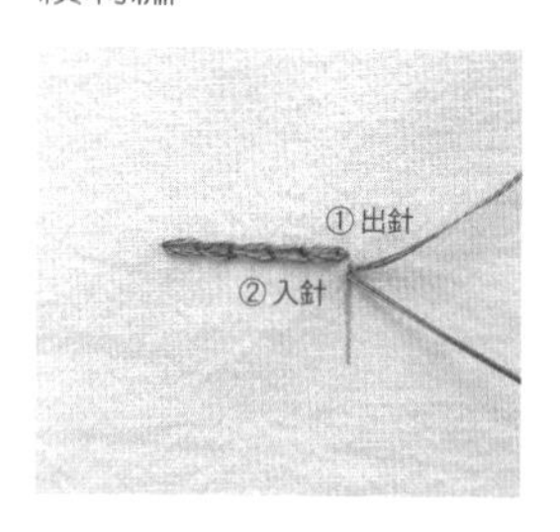

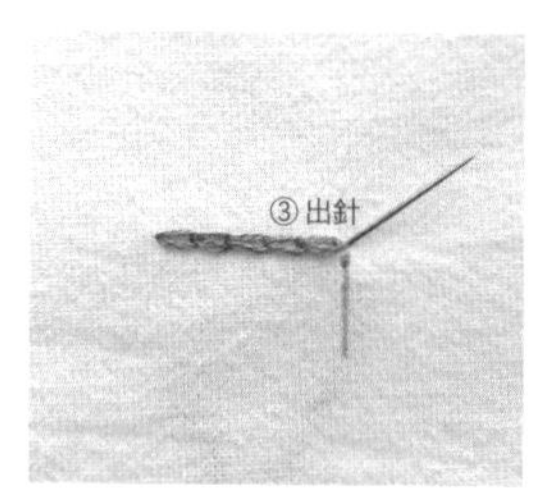

填滿平面

沿著基準線填滿平面

若平面的面積較大、不容易均勻填滿時，建議分出區域後再進行刺繡。可以根據外輪廓線的形狀先繡出幾條基準線，再從基準線的附近開始逐一填滿平面。

由外而內填滿平面

圓形平面並不適合從頭到尾不間斷地盤繞做環狀刺繡，建議先繡好外輪廓並收尾後，再以相同的方式，一圈一圈地填滿平面至中心點。

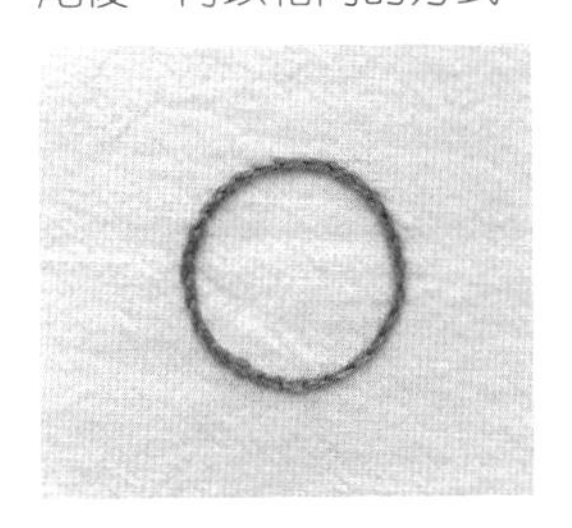

填滿橢圓形平面

橢圓形的平面主要用來表現小花瓣。先繡出平面中央的直線，在中心線兩側繡出圓弧狀的外輪廓線，再填滿剩餘的平面。

Studio
NO
107
17

RETRO

復古風情刺繡

1 復古風針織衫

RETRO KNITS

像從奶奶的老衣櫃中拿出來的復古針織衫，擁有高雅氣質的花紋刺繡。
細細繡出鬱金香花朵、小巧的野花、鮮紅櫻桃與整齊的格紋，感受那溫暖的情懷。

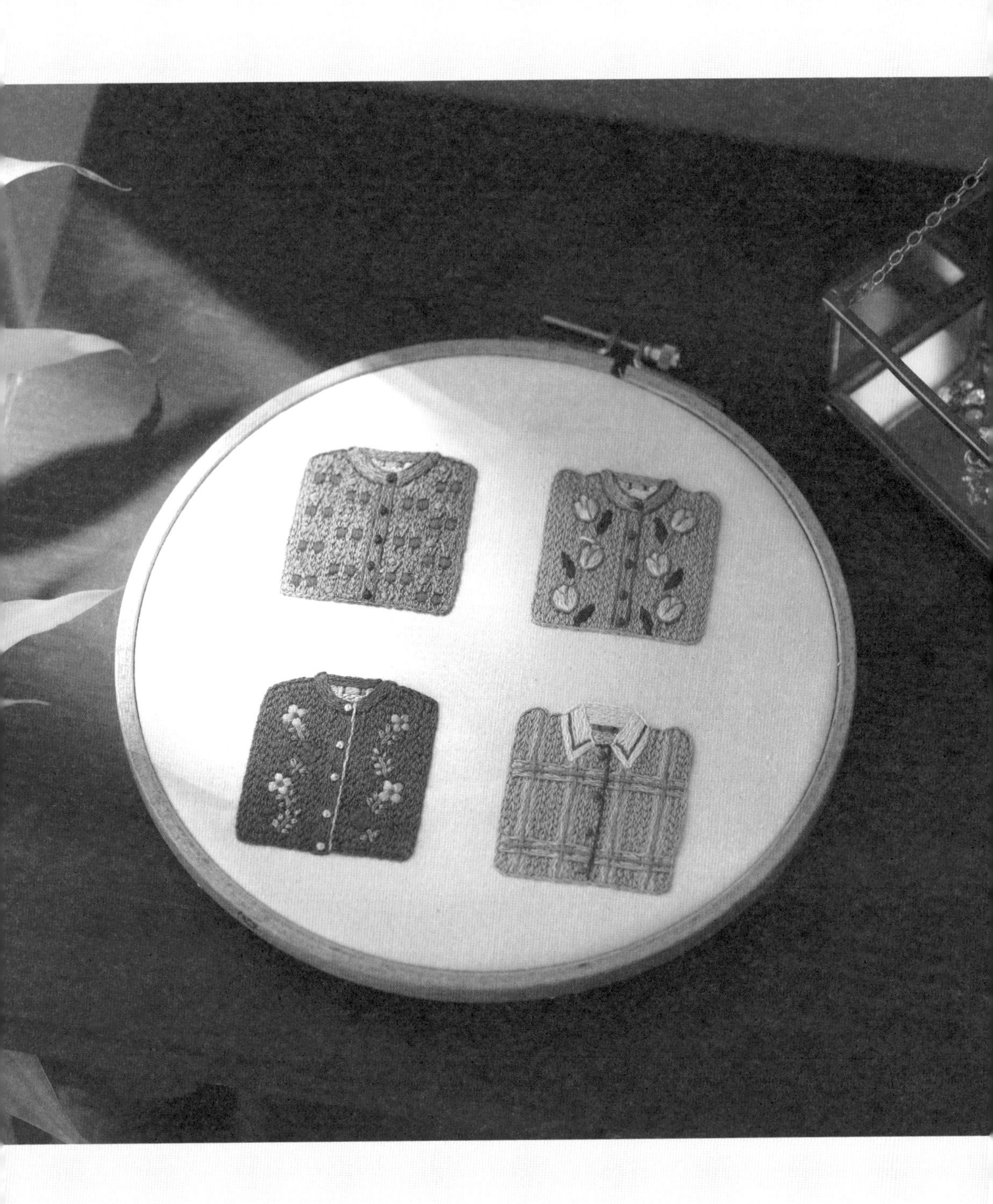

選用繡線　DMC 25號繡線：

【櫻桃針織衫】676, 700, 817, 918, 938, 3799, 3810, 3862

【鬱金香針織衫】03, 151, 301, 317, 414, 553, 702, 745, 762, 842, 3345, 3799

【野花針織衫】318, 415, 444, 648, 666, 700, 702, 741, 803, 817, 972, 3354, 3776, 3799

【格紋織衫】210, 552, 553, 612, 648, 721, 745, 839, 842, 3765, 3799

使用技法　鎖鏈s、雛菊s、長短針s、緞面s、直線s、輪廓s、法式結粒s

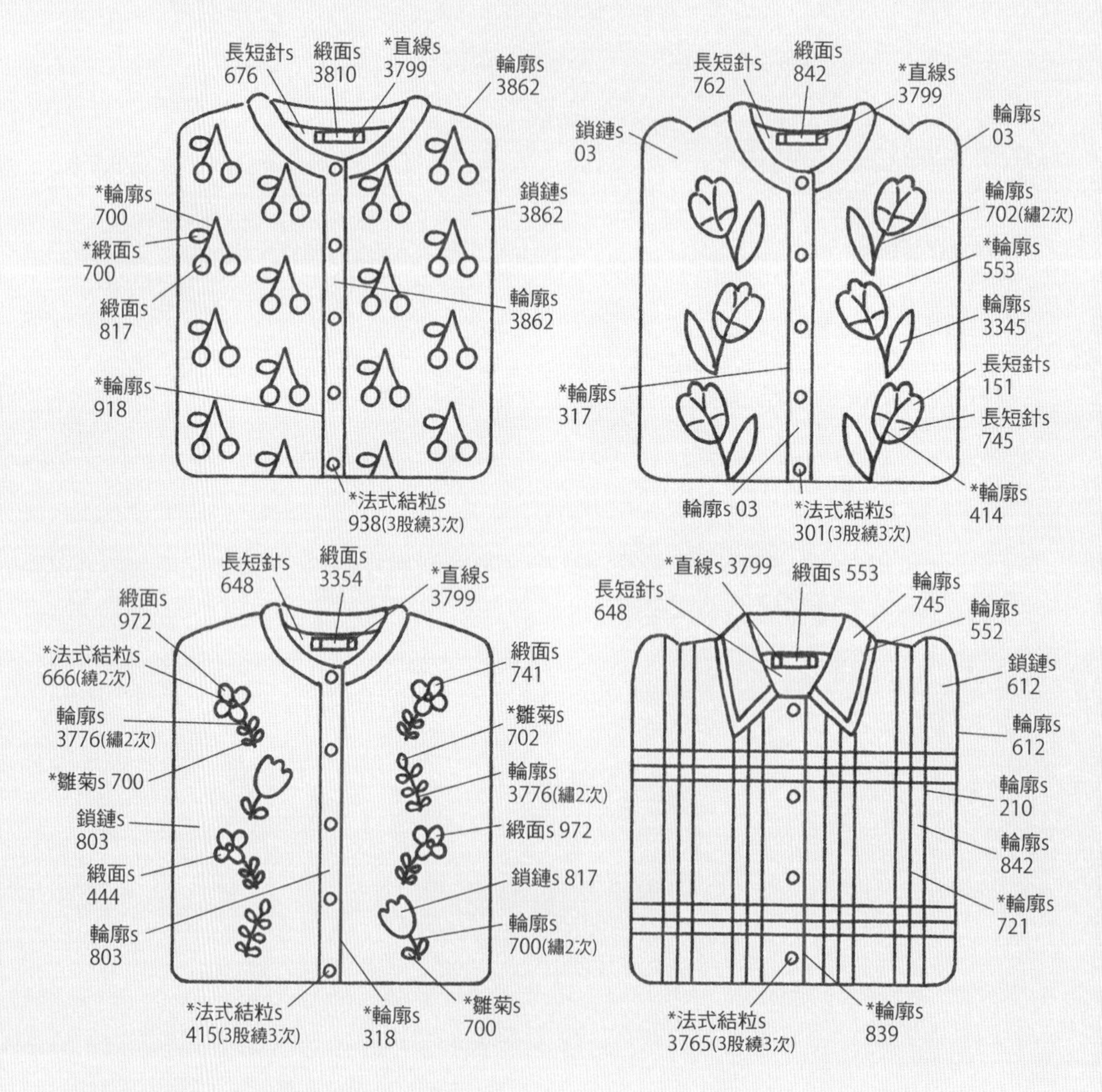

※　除了指定股數的步驟，其餘皆以2股繡線進行刺繡。

※　須先繡好底色，再於底色上方進行＊記號的步驟。

著手刺繡

刺繡順序

衣物外輪廓線▶主要花紋（櫻桃、鬱金香、野花、格紋）▶衣物底色（軀幹）▶ 領子與門襟（鈕扣底色）▶標籤與內側▶領子與門襟的外輪廓線▶鈕扣

- 先依序繡好衣物最外圍的輪廓線與花紋，再以鎖鏈s填滿衣物布面底色。
- 用輪廓s繡好領子和門襟底色後，以橫向緞面s繡標籤，並在標籤上以3799號線做短的直線s。接著再以長短針s繡衣物的內裡。
- 以輪廓s繡領子與門襟的外圍輪廓線。之所以依序進行衣物底色→領子、門襟底色→領子、門襟外輪廓線，是為了凸顯線條，明確區分出不同的面。
- 最後以法式結粒s繡好鈕扣即完成。

◆ 櫻桃針織衫

- 以3862號線做輪廓s繡衣物外輪廓線，再用緞面s將所有圓形的櫻桃果實繡好。接著，以鎖鏈s繡衣物底色，在上面以700號線繡枝幹與葉片。為了防止衣物底色的鎖鏈s斷裂，能更加平整密實，切記須依序以櫻桃果實→衣物底色→枝葉來進行刺繡，後續皆依照順序（領子與門襟）繼續刺繡並收尾。

◆ 鬱金香針織衫

- 以03號線做輪廓s繡衣物外輪廓線，花朵以151,745號線由上至下、以逐一交替的長短針s刺繡。接著以702號線重複兩次輪廓s繡花莖，並以3345號線繡葉片。以鎖鏈s繡衣物底色，並在其上方用553號線做輪廓s繡花朵的外輪廓線。後續皆依照順序（領子與門襟）繼續刺繡並收尾。

◆ 野花針織衫

- 以803號線做輪廓s繡好衣物外輪廓線後，先繡所有花朵與花莖（葉片除外）。分別用緞面s、鎖鏈s繡花瓣，再以輪廓s繡2次繡好花莖。接著以鎖鏈s繡衣物底色，在其上方以細緻的雛菊s繡葉片。
- 依序繡好領子、門襟、標籤與內側底色後，以318號線做輪廓s繡圖面上標示的門襟右側輪廓線，最後再以法式結粒s繡鈕扣收尾即可。

◆ 格紋針織衫

- 以612號線做輪廓s繡好衣物外輪廓線之後，再繡格紋花樣。首先用輪廓s將格紋豎向的外輪廓線(210)與面(842)全數繡好，在其上方交叉繡出橫向的外輪廓線與面，再以輪廓s交錯繡出紋樣中央的線(721)。接著以鎖鏈s繡好衣物底色。
- 先以552號線繡好領子內側的線條，再以745號線做輪廓s填滿外輪廓及整面領子。接著繡標籤與衣物內側，用839號線做輪廓s繡圖面上標示的門襟外輪廓線，最後以法式結粒s繡鈕扣收尾。

2

襪子

SOCKS

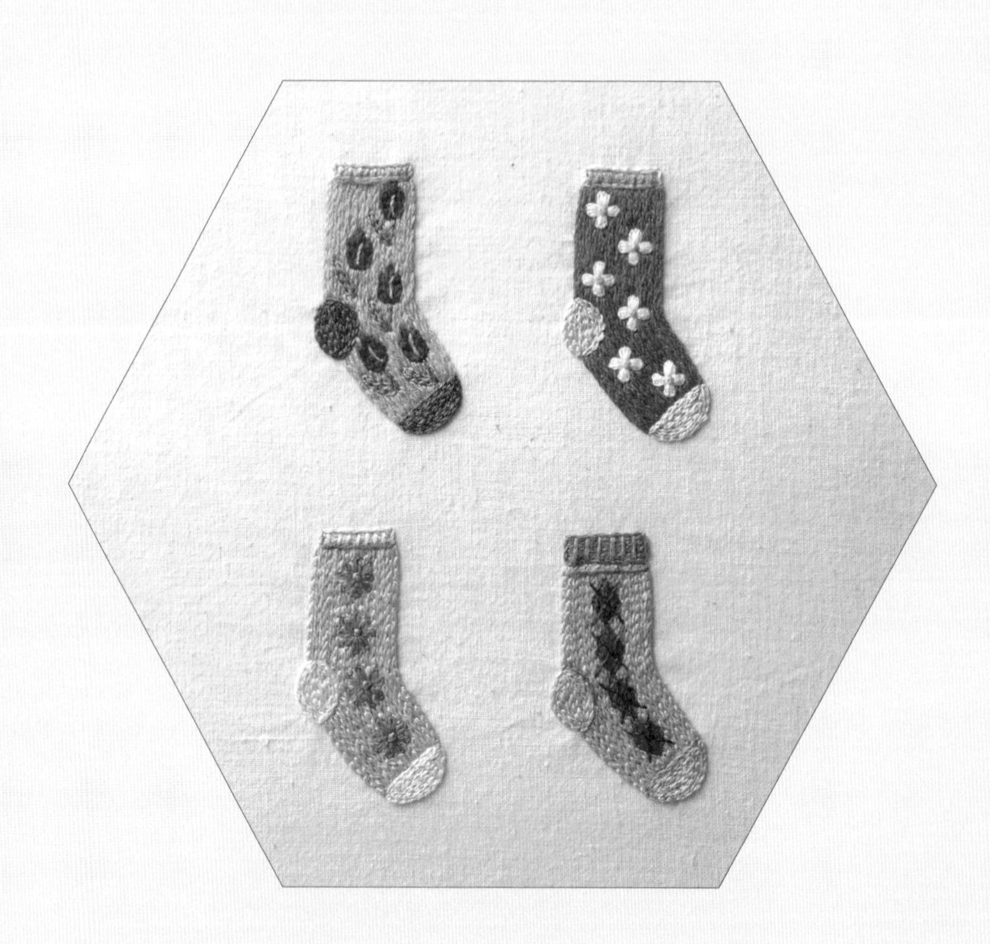

這是用鮮明的色彩作為亮點設計的圖騰襪子刺繡，用單純的技法就能輕鬆製作。
可以在刺繡背面黏貼胸針或磁鐵，做成樣式多變化的裝飾小物。

選用繡線 DMC 25號繡線：

【鬱金香襪子】318, 321, 444, 470, 700, 721, 730, 3825
【紫丁香襪子】414, 444, 553, 564, blanc
【雛菊襪子】702, 721, 727, 893, 3325, blanc
【菱格紋襪子】318, 414, 666, 699, 721, 995, 3799, 3856

使用技法 輪廓s、鎖鏈s、直線s、雛菊s、法式結粒s、緞面s

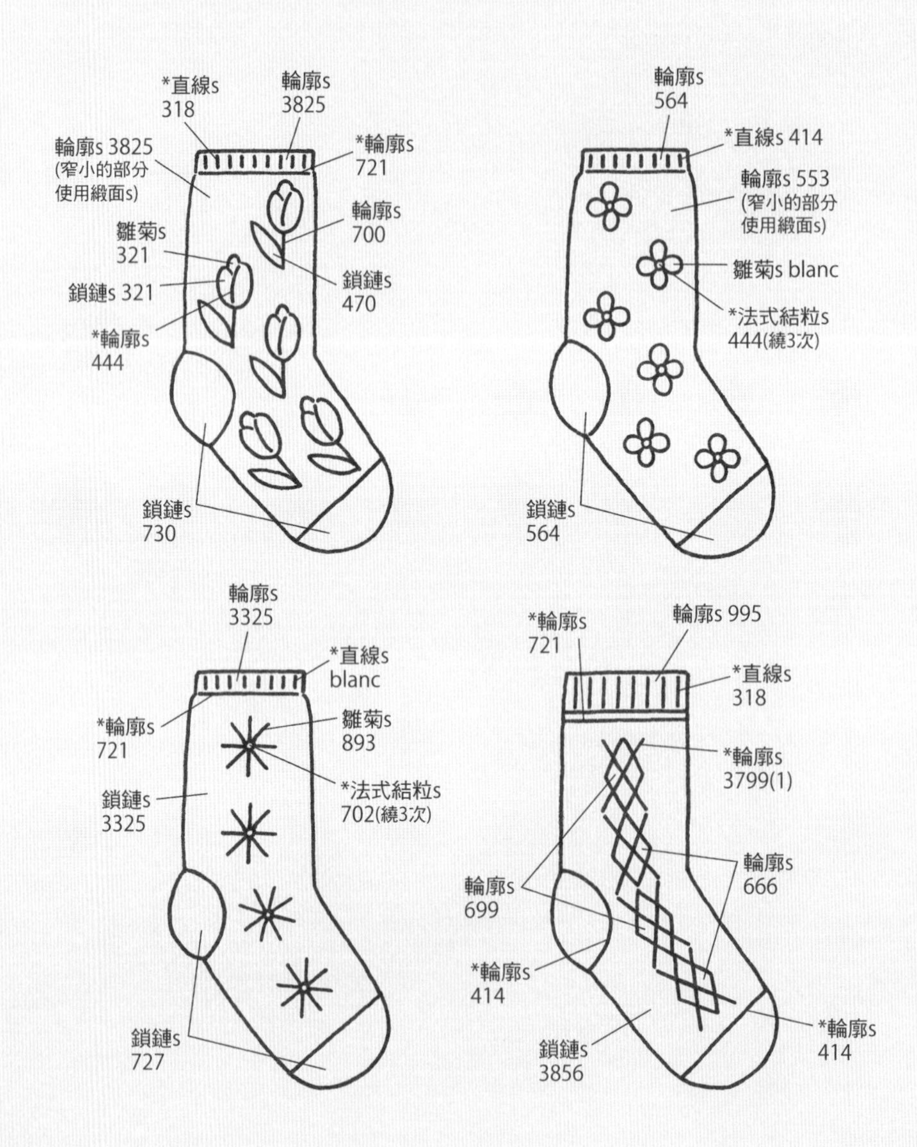

※ 除了指定股數的步驟，其餘皆以2股繡線進行刺繡。
※ 須先繡好底色，再於其上方進行＊記號的步驟。

著手刺繡

刺繡順序

主要花紋▶襪跟、襪尖▶襪身▶襪口

先將花紋繡好，以鎖鏈s分別繡襪跟與襪尖。接著仔細將襪身的底色填滿，以輪廓s將襪口部分的外輪廓線及底色繡好，再於其上方同樣用輪廓s繡皺摺以及下方的輪廓線後收尾。

◆ 鬱金香襪子

- 以321號線做鎖鏈s繡花瓣較寬的兩個平面，上面突出的部分則用雛菊s來表現。在其上方用444號線做輪廓s繡花瓣的界線，將兩片花瓣區隔開來。接著用700號線做輪廓s繡好花莖後，以470號線做鎖鏈s繡葉片。
- 用輪廓s填滿襪尖和鬱金香之間的襪身底色，窄小的部分用緞面s刺繡。

◆ 紫丁香襪子

- 花瓣的正中央以blanc做雛菊s之後，沿著兩側的外輪廓線向中央逐一刺繡。最後以2股444號線做法式結粒s，繞3次繡花蕊。
- 用輪廓s填滿襪尖和花朵之間，窄小的部分用緞面s刺繡。

◆ 雛菊襪子

- 以893號線做雛菊s繡花瓣，留意繡線不要過度緊繃。最後以2股702號線做法式結粒s，繞3次繡好花蕊部分後收尾。

◆ 菱格紋襪子

- 先以699,666號線做輪廓s，分別繡菱格圖騰的菱形外輪廓，並將其填滿。接著以3856號線做鎖鏈s繡襪跟、襪尖與襪身，在其上方用1股3799號線做輪廓s，繡X字紋樣。接著以414號線做輪廓s，繡襪跟與襪尖內側的分界輪廓線，將平面區分開來。

打字機、縫紉機、電話、檯燈

TYPEWRITER, SEWING MACHINE, PHONE, LAMP

這是以明亮色系作為亮點的刺繡作品，重點是要將機械細緻的部位縝密地繡出來。
再搭配讓人聯想到刺繡主題的可愛標籤，試著製作成吊飾吧。p.187

TYPE

選用繡線 DMC 25號繡線：

【打字機】03, 310, 317, 444, 666, 700, 794, 803, 971, blanc, ecru

【電話】03, 168, 310, 318, 347, 414, 666, 817, 3799, blanc

【縫紉機】03, 310, 317, 318, 334, 352, 414, 415, 603, 666, 783, 3820, 3825, blanc

【檯燈】210, 317, 351, 414, 444, 612, 721, 762, blanc

使用技法 輪廓s、緞面s、裂線s、直線s、鎖鏈s、回針s、毛邊s

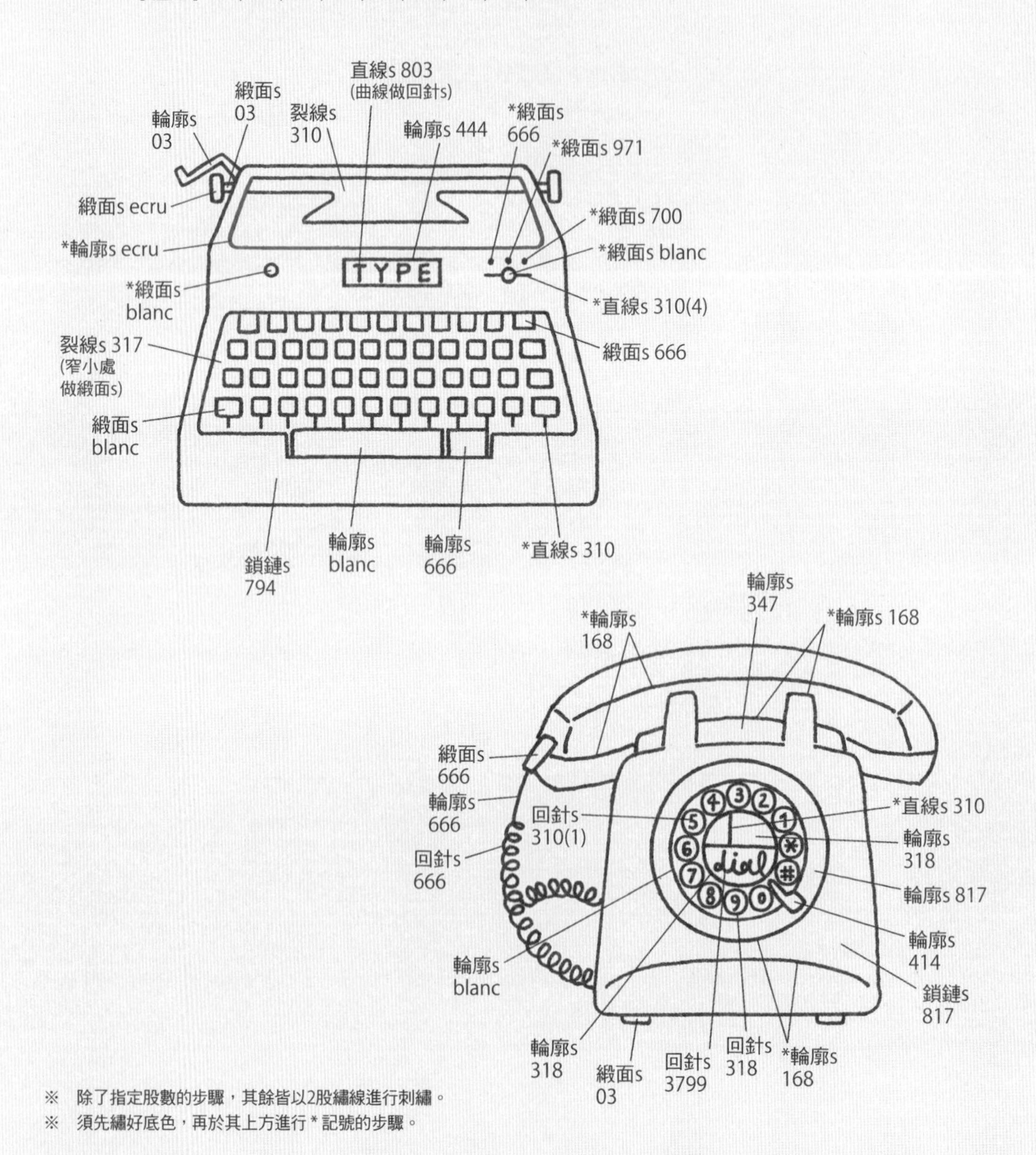

※ 除了指定股數的步驟，其餘皆以2股繡線進行刺繡。

※ 須先繡好底色，再於其上方進行＊記號的步驟。

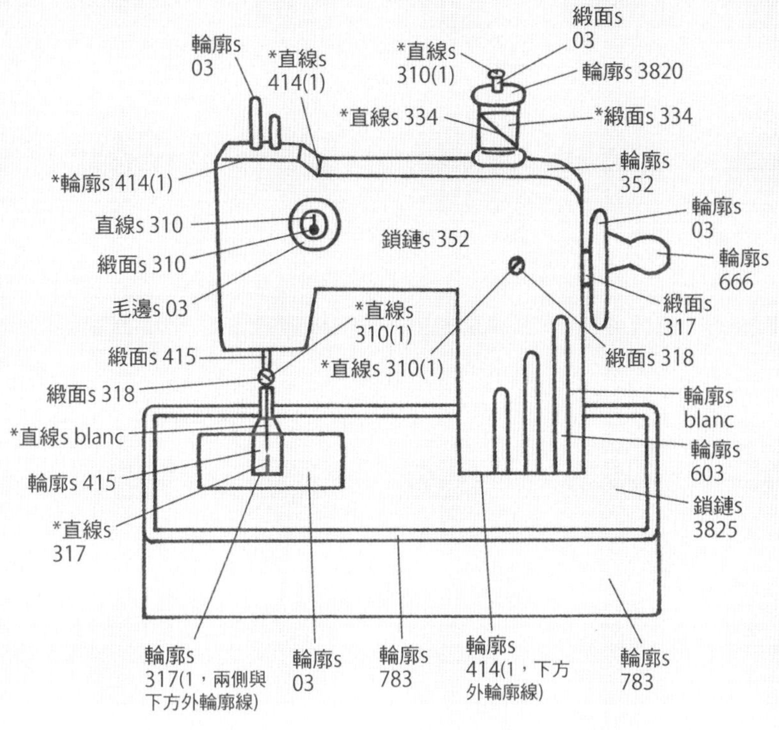

緞面s
03
輪廓s
03
*直線s
414(1)
*直線s
310(1)
輪廓s 3820
*直線s 334
*緞面s 334
輪廓s
352
*輪廓s 414(1)
輪廓s
03
直線s 310
鎖鏈s 352
緞面s 310
輪廓s
666
毛邊s 03
緞面s
317
*直線s
310(1)
*直線s 310(1)
緞面s 415
緞面s 318
緞面s 318
輪廓s
blanc
*直線s blanc
輪廓s
603
輪廓s 415
鎖鏈s
3825
*直線s
317
輪廓s
317(1，兩側與
下方外輪廓線)
輪廓s
03
輪廓s
783
輪廓s
414(1，下方
外輪廓線)
輪廓s
783

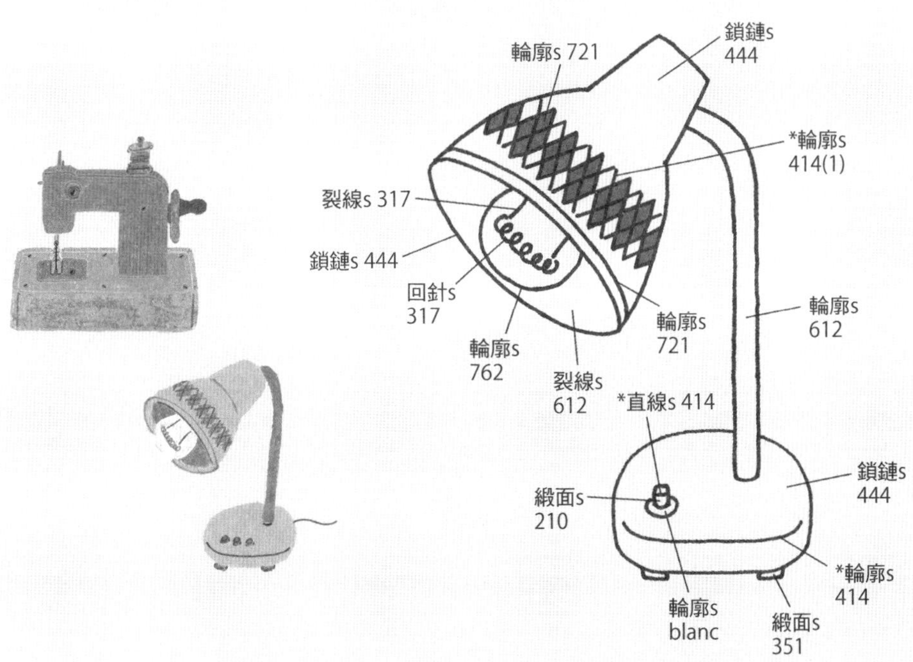

鎖鏈s
444
輪廓s 721
*輪廓s
414(1)
裂線s 317
鎖鏈s 444
回針s
317
輪廓s
721
輪廓s
612
輪廓s
762
裂線s
612
*直線s 414
鎖鏈s
444
緞面s
210
*輪廓s
414
輪廓s
blanc
緞面s
351

◆ 打字機

刺繡順序

鍵盤鍵帽▶
鍵盤底色▶
英文字樣▶
出紙處(310)▶
打字機機身(794)▶
其他部分

- 用緞面s分別繡出鍵盤上的鍵帽後，以317號線填滿鍵盤的底色，並以細長的裂線s繡鍵盤底面的外圍與底部，鍵帽之間窄小的面以緞面s填滿。在底色上以310號線做短小的直線s，繡在鍵帽底部。
- 以直線s繡英文字樣，曲線部分做回針s。接著以輪廓s繡字樣的外框。
- 以310號線做裂線s表現出紙處，再以794號線做鎖鏈s，分別繡出紙處下方與打字機整體機身，在機身上以ecru號線繡圖面上標示的頂部外輪廓線，區分出平面。
- 分別繡好細小的按鍵與打字機周圍的其他部分後即可收尾。

◆ 電話

刺繡順序

撥號轉盤部分▶
電話機身、話筒▶
機身內部線條(168)▶
電話線

- 用細密的回針s繡好轉盤上的英文字樣後，以輪廓s繡圓形的外輪廓線。接著先填滿上半圓，在其上方以310號線進行直線s。用回針s繡轉盤數字，並在每個字外圍都繡上圓形的外輪廓線。最後以輪廓s繡外圈的大圓後收尾。
- 稍微預留電話機的機身與話筒內部線條的位置(168)，沿著外輪廓線的形狀以鎖鏈s填滿底色。上方的內部線條(168)皆以輪廓s進行，區分出平面。
- 電話線由話筒尾端的緞面s開始，以短短的輪廓s延伸出來後，再用細密、短針腳的回針s繡捲捲的電話線。

◆ 縫紉機

刺繡順序

鑰匙孔、螺絲、
長形溝槽▶
縫紉機機身▶
機身上方與側邊的其他部件(線軸、手輪等)▶
縫紉針與壓腳部分▶
底座

- 先繡鑰匙的孔洞與短線，再以毛邊s將周圍環繞起來；螺絲先繡好底色，在其上方做直線s；三個長形溝槽按照外輪廓線、裡面的順序刺繡。
- 以鎖鏈s表現縫紉機機身正面，頂部以輪廓s表現。機身上方的線條取1股414號線，分別做輪廓s與直線s，區分機身平面。
- 以輪廓s繡好線軸的本體，在其上方用略微鬆散的緞面s做出縫紉線部分。接著以斜向的直線s，表現出縫線自然纏繞的模樣。
- 線軸側面的手輪部分，用緞面s繡較窄的內側，手輪本身用03號線、把手部分用666號線，皆以輪廓s刺繡。
- 縫紉針與壓腳部分，由上而下依序刺繡，在其上方以317號線做直線s繡圖面標示的壓腳內部線條。以blanc做直線s繡好縫紉針後，再繡壓腳底部的盤面。
- 以鎖鏈s繡底座的頂部，邊緣以783號線做輪廓s。最後以輪廓s繡側面收尾。

◆ 檯燈

刺繡順序

菱格紋的菱形▶
燈罩外側平面▶
菱格紋的X字紋樣▶
檯燈、燈罩內側平面▶
燈臂▶
開關、底座

- 先繡格紋圖樣的菱形，再以鎖鏈s填滿燈罩的橢圓形外圍及燈罩外側底色。在燈罩上以1股414號線做輪廓s繡格紋的X字圖樣，用721號線繡橢圓燈罩的內側裝飾線條。
- 分別繡好燈具的外輪廓線與燈泡中的鎢絲，再以裂線s繡燈罩內側的平面。接著繡燈臂。
- 依照按鍵本身、按鍵上的短線條、按鍵外圈的順序繡開關按鈕，並以鎖鏈s繡底座，再繡底座內部的線條區分平面。最後以緞面s繡腳座收尾。

收音機與卡式錄音帶

這是飽含復古浪漫的收音機與卡式錄音帶刺繡。
錄音帶上的標示也分別用不同的字樣與色彩展現出老式懷舊風情。
可以試著加入薄棉襯，製作成觸感柔軟的鑰匙圈。p.189

Day Dream
DAILY
Disco Mix '90
B

選用繡線 DMC 25號繡線：
【收音機】03, 310, 312, 317, 321, 352, 415, 648, 762, 3799, blanc
【Day Dream錄音帶】210, 211, 414, 444, 553, 564, 725, 938, 3765, 3850
【Daily錄音帶】31, 334, 352, 414, 666, 701, 727, 818, 938, 967
【Mix錄音帶】03, 310, 414, 415, 518, 648, 699, 842, 938, 971, 3862, blanc

使用技法 輪廓s、鎖鏈s、直線s、緞面s、裂線s、回針s、長短針s

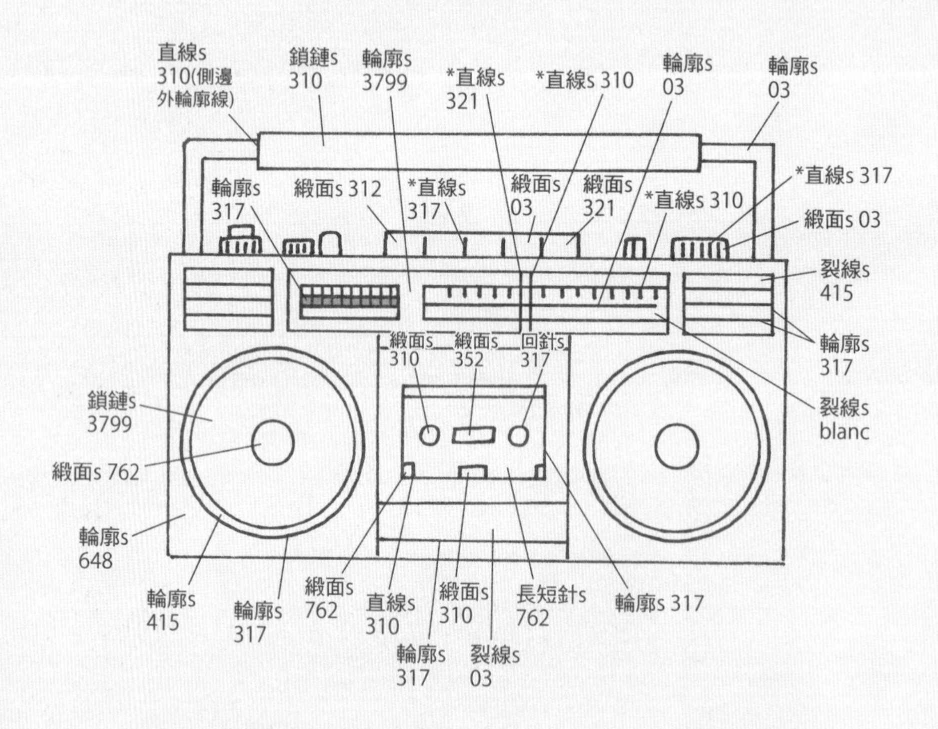

※ 除了指定股數的步驟，其餘皆以2股繡線進行刺繡。
※ 須先繡好底色，再於其上方進行＊記號的步驟。

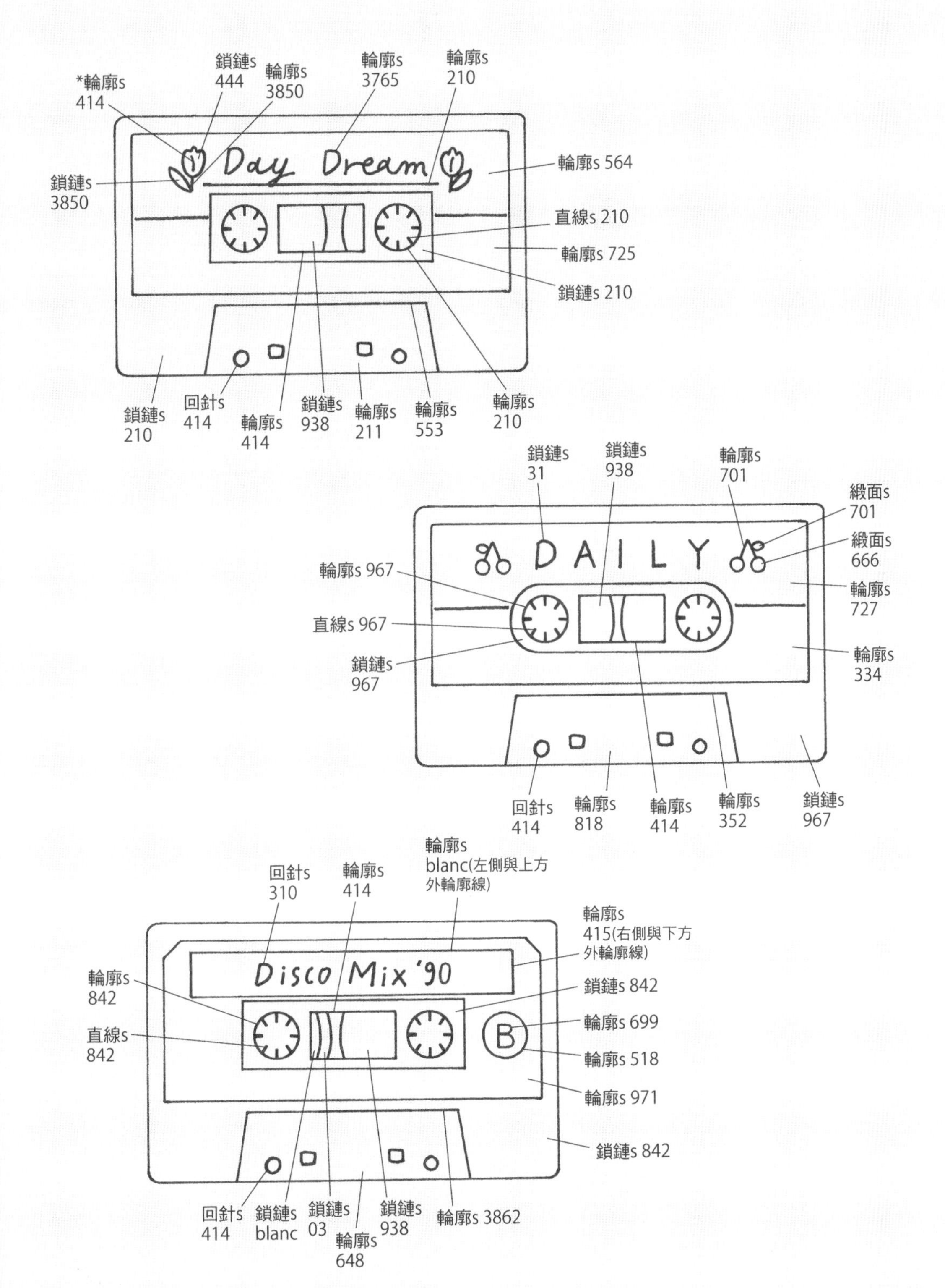
鎖鏈s 444
輪廓s 3850
輪廓s 3765
輪廓s 210
*輪廓s 414
Day Dream
鎖鏈s 3850
輪廓s 564
直線s 210
輪廓s 725
鎖鏈s 210
鎖鏈s 210
回針s 414
輪廓s 414
鎖鏈s 938
輪廓s 211
輪廓s 553
輪廓s 210
鎖鏈s 31
鎖鏈s 938
輪廓s 701
緞面s 701
DAILY
緞面s 666
輪廓s 967
輪廓s 727
直線s 967
鎖鏈s 967
輪廓s 334
回針s 414
輪廓s 818
輪廓s 414
輪廓s 352
鎖鏈s 967
輪廓s blanc(左側與上方外輪廓線)
回針s 310
輪廓s 414
輪廓s 415(右側與下方外輪廓線)
Disco Mix '90
輪廓s 842
鎖鏈s 842
輪廓s 699
直線s 842
B
輪廓s 518
輪廓s 971
鎖鏈s 842
回針s 414
鎖鏈s blanc
鎖鏈s 03
鎖鏈s 938
輪廓s 3862
輪廓s 648

◆ 收音機

刺繡順序

卡帶門▶
波段選擇器▶
方形喇叭▶
喇叭▶
收音機機身▶
按鍵▶
把手

- 圖形看似有些複雜，但重複的刺繡步驟較多，實際上並不困難。首先以317號線做輪廓s繡放置卡帶的四方形外輪廓線，並將小圓和四邊形全部繡好，接著以762號線做長短針s填滿底面。以317號線做輪廓s繡卡帶門上、下方與兩側的全部線條，並以03號線做裂線s填滿底色。
- 波段選擇器內側較長的長方形部分，先以03號線做輪廓s繡其中的線條，並以blanc號線做裂線s處理底面，接著在底面以直線s分別繡長短不一的刻度線。用相同的順序繡好較短的長方形，最後以3799號線做輪廓s繡波段選擇器整體的底色。
- 波段選擇器兩側的方形喇叭部分，先以輪廓s繡外輪廓線，再以裂線s填滿平面。
- 以緞面s繡喇叭中央的小圓，再以圓形鎖鏈s繡較寬的大圓。外圈薄薄的圓形外框和外輪廓線則分別做輪廓s。
- 以648號線做輪廓s繡收音機的機身底色，接著分別以03,312,321號線做緞面s繡好所有的按鍵，最後以317號線做直線s繡按鍵上的紋路。

◆ 卡式錄音帶

刺繡順序

捲帶用孔洞部分▶
英文字樣與小圖案▶
卡帶底面▶
下方梯形部分▶
整體外框

- 首先以938號線做鎖鏈s繡中央的磁帶部分，再用輪廓s繡兩側的圓形，鋸齒部分則用短小的直線s表現。接著用鎖鏈s繡磁帶部分窄窄的外圍底色。
- 用緊密、細小的針腳繡好英文字樣與兩側細小的圖案之後，用輪廓s繡卡帶本身內側的底色。花朵部分須先以鎖鏈s繡花瓣，再於花瓣上以414號線做輪廓s繡線條，接著繡花莖與葉片。櫻桃部分先以666號線做緞面s繡櫻桃果實，再處理枝葉。
- 用414號線做回針s繡下方梯形之中的小圓，接著以輪廓s分別繡梯形的底色及外輪廓線。最後以鎖鏈s繡卡帶整體最外圍的平面即完成。

DAILY
Disco Mix '90
B

B
Disco Mix
High Hopes

5

零星小物

LITTLE THINGS

郵票、鑰匙、縫紉線、胸針、火柴盒與各式各樣的戒指。
這些圖樣集合了收藏在抽屜之中、充滿掌心溫度的小物件們。
最後在上方繡上厚實的手寫英文字樣，做成布面海報變成溫馨的居家裝飾。

little things

選用繡線 DMC 25號繡線：
【英文字樣】169
【兔子郵票】310, 317, 414, 995, 3856, blanc
【鑰匙】03, 310, 317, 700, blanc
【縫紉線】666, 676, 3752
【花朵胸針】318, 564, 778, 3731, 3814
【火柴盒】221, 318, 321, 414 437, 444, 553, 700, 704, 762, 794, 971, 3825, blanc
【鈴蘭花郵票】414, 470, 704, 972, 3750, blanc
【串珠戒指】210, 310, 352, 444, 725, 741, 907, 3364, 3765, 3766
【小鳥胸針】169, 414, 415, 310, 564
【童軍胸章】783, 798, 938, 3820, blanc

使用技法 輪廓s、回針s、鎖鏈s、長短針s、直線s、緞面s、法式結粒s

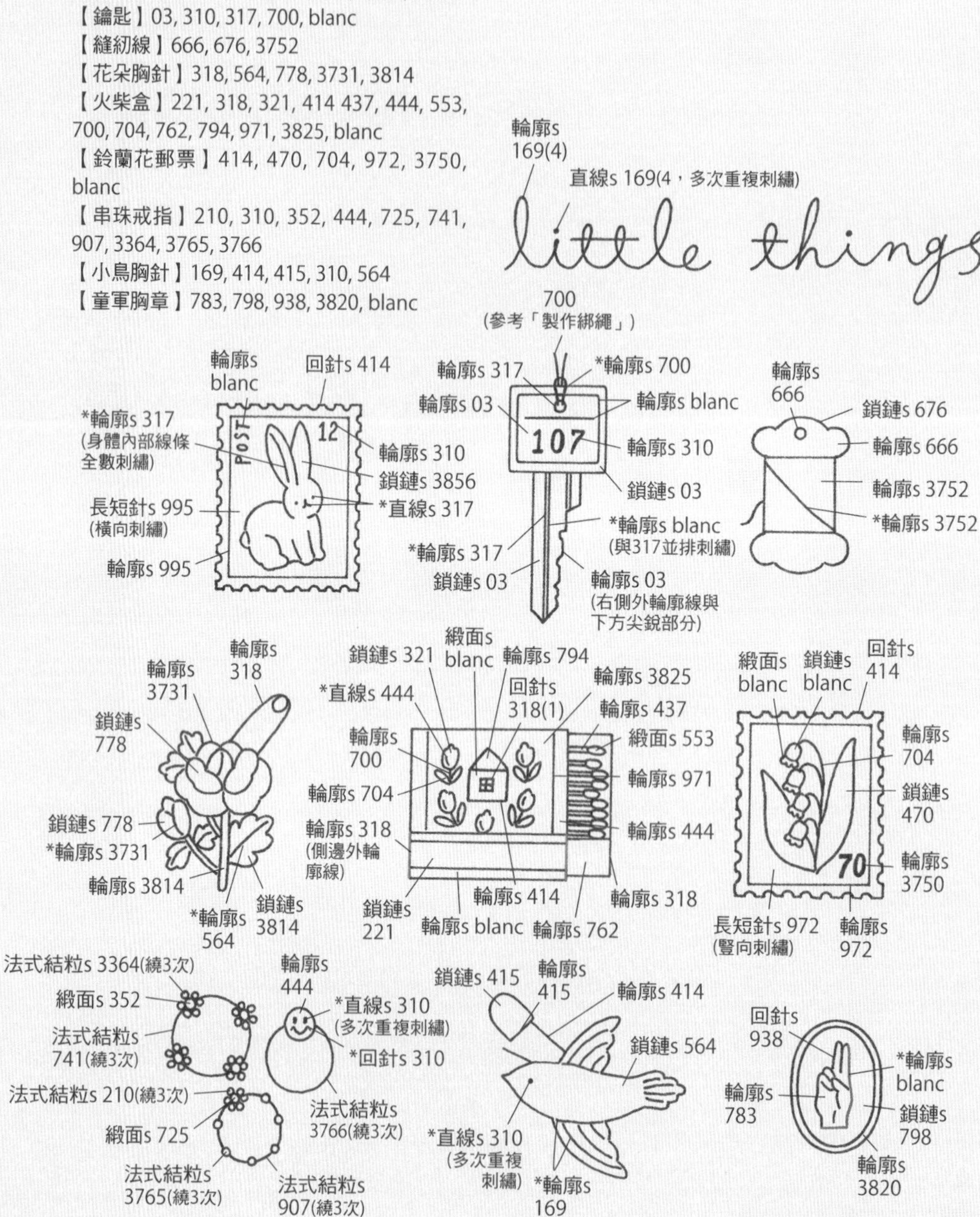

※ 此圖為縮小70%的圖樣（實際大小圖樣收錄於p.205）
※ 除了指定股數的步驟，其餘皆以2股繡線進行刺繡。
※ 須先繡好底色，再於其上方進行*記號的步驟。

◆ little things

- 以4股169號線做輪廓s，i字樣的圓點以直線s多次重複刺繡，直到點狀飽滿厚實為止。如l、t、e、g、s等筆畫有繞圈和交叉重疊的字樣，先繡好繞圈部分，再從繡線重疊的交點重新開始刺繡。

◆ 兔子郵票

刺繡順序

兔子軀幹▶
軀幹內部線條(317)▶
眼睛、鼻子、嘴巴▶
郵票的英文與數字▶
郵票底色▶
郵票外框輪廓線

- 以鎖鏈s依序繡兔子的臉部、耳朵與身體，先將身體上前腳的兩個面繡好，再沿著背部至後腳的外輪廓線、弧狀刺繡填滿。以317號線在軀幹上做輪廓s繡內部線條區分平面，接著用短的直線s繡眼睛、鼻子與嘴巴。
- 用細密的短針腳做輪廓s繡郵票邊緣的英文與數字，接著以橫向的長短針s繡郵票的底色，再以輪廓s繡外輪廓線。最後用細密的回針s繡郵票外圈波浪狀的外輪廓線即完成。

◆ 鑰匙

刺繡順序

數字、小孔▶
手柄內部線條(blanc)▶
手柄底色▶ 手柄外框▶
綁繩線圈(700)▶
鑰匙底色▶
鑰匙內部線條(317、blanc)▶ 製作綁繩

- 先以細密的短針腳繡數字與小孔，以blanc號線做輪廓s分別繡手柄內部的線條。接著以03號線做輪廓s填滿外框，上方綁繩的環狀線圈部分(700)，則從孔洞內部開始朝內做輪廓s。
- 以03號線做鎖鏈s繡鑰匙部分，以輪廓s繡右側與下方尖銳部分的外輪廓線，接著以317與blanc並排繡內部的直線。

製作綁繩

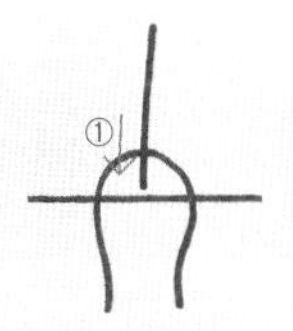

1. 取3股繡線不打結直接開始刺繡，再從鑰匙與繩結間的正面入針，留下約2cm不要完全抽出繡線。

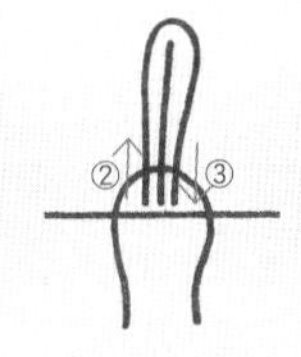

2. 從繡線左側出針，再從右側入針。

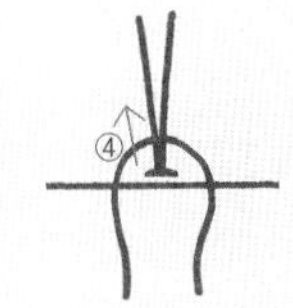

3. 從最初下針的中間部分出針。

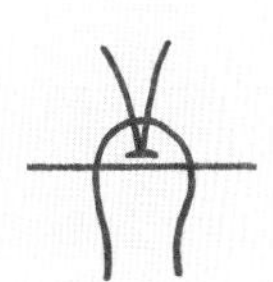

4. 剪成約1cm的長度，將繡線整理整齊即可。

◆ 縫紉線

刺繡順序

頂部、底部線軸▶
線團▶
線(斜線)▶
露出來的線尾部分

- 首先以輪廓s繡線軸頂部的小孔，接著以666號線做輪廓s在頂部、底部繡出線軸的底色之後，以676號線做鎖鏈s繡曲線與外輪廓線。
- 以3752號線做輪廓s繡線團，須與線軸略為重疊、覆蓋線軸的末端。以橫向刺繡緩緩堆疊出一圈圈線團後，在其上方繡呈斜對角的縫紉線與露出來的線尾部分。

◆ 花朵胸針

刺繡順序

花朵外輪廓線▶
花朵底色▶
花蕾底色▶
花蕾內部線條▶
花莖、葉子▶
葉脈▶ 別針

- 以3731號線做輪廓s繡花朵的外輪廓線，另以778號線做鎖鏈s繡內部的底色。以778號線做鎖鏈s繡好花蕾的底色之後，以3731號線做輪廓s在底色上繡花蕾內部的線條。
- 分別以輪廓s和鎖鏈s繡好所有花莖與葉子後，在葉面上以564號線做輪廓s繡葉脈。
- 以輪廓s從花朵的中心繡出略微傾斜的斜線完成別針。

◆ 火柴盒

刺繡順序

火柴▶
火柴內盒▶
包裝盒頂部圖案▶
包裝盒頂部底色▶
包裝盒側面

- 以緞面s繡火柴頭，另以輪廓s繡小木籤。接著以輪廓s繡內盒的外輪廓線後，填滿內盒的側面。
- 包裝盒頂部的房屋圖樣由屋頂開始向下刺繡。以鎖鏈s繡好花瓣之後，在花朵上以444號線做短小的直線s，繡成花莖與葉子。
- 以3825號線繡包裝圖樣的底色，並用輪廓s繡圖案兩側的直線(971)，接著繡包裝盒兩側的平面(444)，並略為包裹到火柴上，以及覆蓋木籤的末端。再繡好外包裝盒的側面之後，以318號線做輪廓s繡左右兩側短邊的外輪廓線即完成。

◆ 鈴蘭花郵票

刺繡順序

花莖▶ 鈴蘭花▶ 葉子▶
數字▶ 郵票底色▶
郵票外框輪廓線

- 從頂部開始以輪廓s繡中央細長的莖部，再分別繡3條彎曲的短花莖。以blanc做鎖鏈s繡花朵較寬大的平面，再以緞面s分別繡波浪狀的平面。接著以鎖鏈s繡葉片。
- 以針腳細小的輪廓s繡數字，以972號線做豎向的長短針s繡好郵票的底色後，再以輪廓s繡外輪廓線。最後用細密的短針腳做回針s繡郵票波浪狀的外框輪廓線即可完成。

◆ 串珠戒指

刺繡順序

花朵戒指：
花蕊▶花瓣▶戒環
微笑戒指：
臉▶眼睛、嘴巴▶
戒環

- 所有的法式結粒s皆以2股線繞3次進行刺繡。
- 以緞面s繡花朵戒指的花蕊後，以法式結粒s繡花蕊外圍的花瓣，戒環部分則沿著輪廓線細密地進行刺繡。小的花朵戒指先繡花朵，再繡戒環中段的重點串珠(3765)，接著沿輪廓線刺繡，連接戒環。
- 微笑戒指首先以444號線做輪廓s繡臉部平面，接著在臉上以310號線重複多次直線s繡出眼睛，並以回針s繡嘴巴。最後沿著輪廓線，以細密、沒有間隙的法式結粒s繡戒環。

◆ 小鳥胸針

刺繡順序

鳥的軀幹▶翅膀▶
翅膀與尾部的內部線條▶
眼睛▶別針

- 以564號線做鎖鏈s，沿著外輪廓線的形狀繡出小鳥的身體。接著繡好翅膀的外輪廓線後，沿著曲線分區填滿平面。在底色上以輪廓s繡內部線條(169)，表現出紋理。
- 眼睛以直線s重複重疊多次，繡出小小渾圓的形狀。
- 以輪廓s繡別針，別針的尾端分別從鳥的翅膀及頭部底下斜向延伸出來，不要露出別針尾部。別針頭上，只有底部直線處的外輪廓線要以輪廓s刺繡，接著再以鎖鏈s填滿平面。

◆ 童軍胸章

刺繡順序

手的外輪廓線(除了右側和底部的外輪廓線)▶
手的底色▶胸章底色▶
手的右側和底部的外輪廓線(blanc)▶
胸章外圈

- 除了圖面上標示的右側與底部外輪廓線(blanc)以外，以針腳細小的回針s繡外輪廓線(938)後，再以783號線填滿平面。接著以798號線做鎖鏈s繡胸章的底色，在其上方以blanc號線做輪廓s繡右側與底部的外輪廓線。最後以3820號線做輪廓s，繡好胸章的外框即完成。

相機與底片

CAMERAS & FILMS

雖然現在拍照之後馬上就可以確認結果，但底片相機仍獨擁等待與緩慢的美學。
闔上的雙眼、燦爛的笑容、落下的晚霞，它將每個剎那都儲存成回憶。
讓我們一針一線、悠閒緩慢地繡出相機和底片的每一個細節。

film camera
PRO
30
film
disposable camera

選用繡線 DMC 25號繡線：

【鑽石底片】310, 415, 741, 839, 907, 938, 3765, blanc
【底片相機】310, 317, 318, 414, 415, 648, 3799, blanc
【PRO底片】31, 151, 310, 839, 938, 959, 3799, 3862, blanc
【即可拍】310, 414, 666, 725, 762, 798, 3799, blanc

使用技法 輪廓s、鎖鏈s、緞面s、直線s、裂線s、回針s

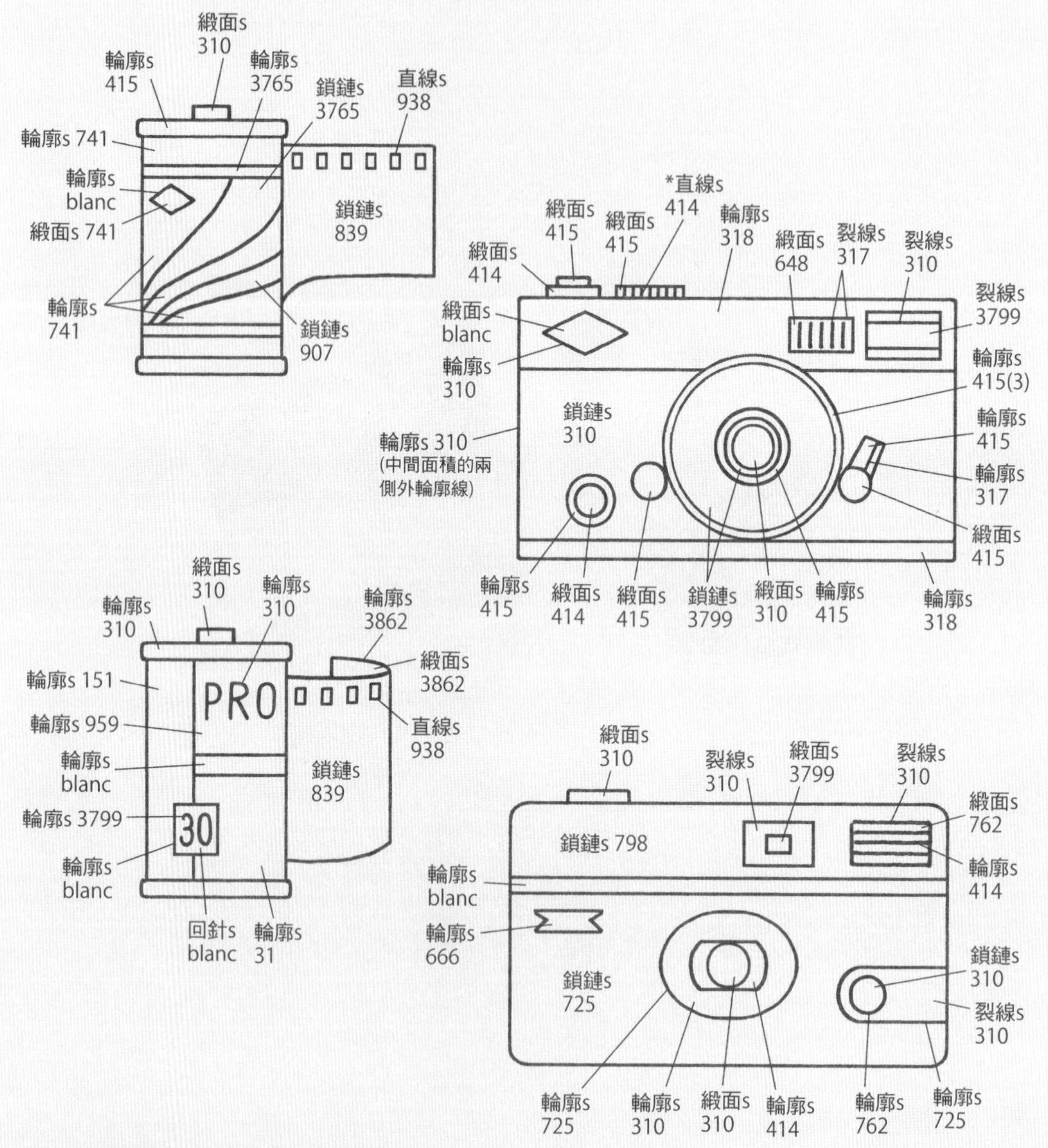

※ 除了指定股數的步驟，其餘皆以2股繡線進行刺繡。
※ 須先繡好底色，再於其上方進行＊記號的步驟。

◆ 鑽石底片

刺繡順序

菱形▶
花紋(3765,907)▶
外殼底色▶
外殼頂部與底部▶
膠卷外輪廓線▶
方形小孔▶
膠卷底色

- 以緞面s繡菱形平面，並以輪廓s繡外輪廓線。接著繡花紋(3765,907)，以741號線做輪廓s填滿底片外殼的底色，接下來分別繡好外殼頂部與底部的薄平面。
- 以839號線做鎖鏈s繡底片膠卷的外輪廓線，再以直線s繡膠卷上的方形小孔，接著填滿膠卷底色。

◆ 底片相機

刺繡順序

鏡頭、光圈環▶
光圈旁按鈕、自動快門扳手▶
相機機身中段底色(310)▶ 菱形、閃光燈、觀景窗▶
相機頂部底色(318)▶
快門按鍵、旋鈕▶
相機底部底色(318)

- 以310號線做緞面s繡好鏡頭後，由內側依序繡外圍的光圈。接著逐步繡好按鈕和快門扳手，並用鎖鏈s填滿機身中段底色。再以輪廓s繡兩側的外輪廓線。
- 先繡菱形、閃光燈和觀景窗的外輪廓線與其中的紋路，再填滿平面。以318號線做輪廓s繡相機頂部的外輪廓線後，填滿頂部底色。接下來以緞面s繡快門和旋鈕的底色，在其上方以414號線做針腳細小的直線s繡紋路。
- 以318號線做輪廓s繡相機底部的外輪廓線後，再填滿底部底色。

◆ PRO底片

刺繡順序

英文字樣、底色(959)▶
中央細橫紋(blanc)▶
下半部底色(31)▶
數字、底色(blanc)▶
左側長形平面(151)▶
底片外殼頂部與底部(310)▶
膠卷外輪廓線▶
方形小孔▶
膠卷底色▶
膠卷背面

- 先繡好右側平面，再處理左側的長形面積。刺繡時先繡好英文與數字字樣，再填滿底色。接著分別繡出外殼頂部與底部的薄面(310)。
- 以839號線做鎖鏈s繡底片膠卷的外輪廓線，再以直線s繡方形小孔。接著填滿膠卷的底色後，以3862繡膠卷背面底色。

◆ 即可拍

刺繡順序

鏡頭、光圈環▶
光圈旁的小按鈕、緞帶▶
相機下半部底色(725)▶
相機中段底色(blanc)▶
觀景窗、閃光燈▶
相機頂部底色(798)▶
按鈕

- 以310號線做緞面s繡鏡頭後，由內側開始做輪廓s依序繡外圍光圈。
- 分別繡好圓形按鈕的面與輪廓線，再以裂線s繡按鈕外圍的面。接著繡小緞帶。
- 以725號線做輪廓s繡光圈的橢圓形、按鈕周圍的外輪廓線，再以鎖鏈s填滿相機機身底色。
- 以鎖鏈s繡相機中段細長的面，再分別繡觀景窗和閃光燈。閃光燈要先繡好外輪廓線和紋理後，再以緞面s填滿底色。接下來以鎖鏈s繡頂部底色後，最後繡按鈕。

黑膠唱片機與LP黑膠唱盤

TURNTABLE & LP

這幅刺繡作品蘊含著黑膠唱片機與黑膠唱盤的浪漫。
每張唱盤的封套都使用不同色彩呈現不同的氛圍，構成多采多姿的圖案。
感受著復古風情，享受富含韻味的刺繡吧。

aloha
SMAT
On a starry

選用繡線　DMC 25號繡線：

【大象唱盤】310, 317, 318, 666, 700, 913, 761, 972, 3766, blanc

【黑膠唱片機】03, 310, 317, 415, 612, 918, 959, 971, 995, blanc

【aloha 唱盤】211, 310, 434, 436, 437, 470, 505, 518, 699, 704, 725, 3052, 3750, 3820, blanc

【下午茶唱盤】03, 310, 321, 352, 415, 437, 444, 745, 3354, 3776, blanc

使用技法　輪廓s、鎖鏈s、直線s、法式結粒s、緞面s、裂線s、雙重十字s、雛菊s

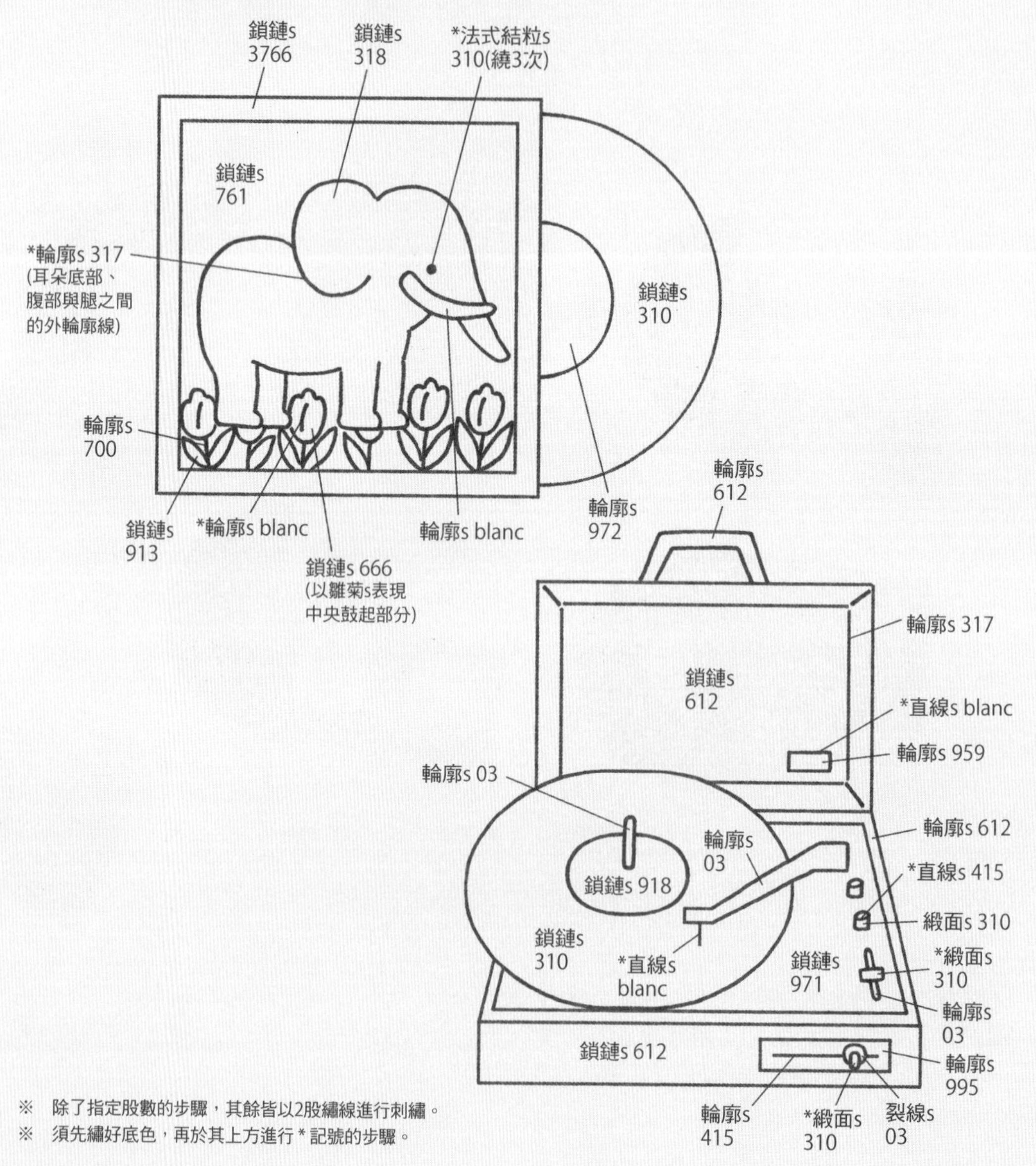

※　除了指定股數的步驟，其餘皆以2股繡線進行刺繡。

※　須先繡好底色，再於其上方進行 * 記號的步驟。

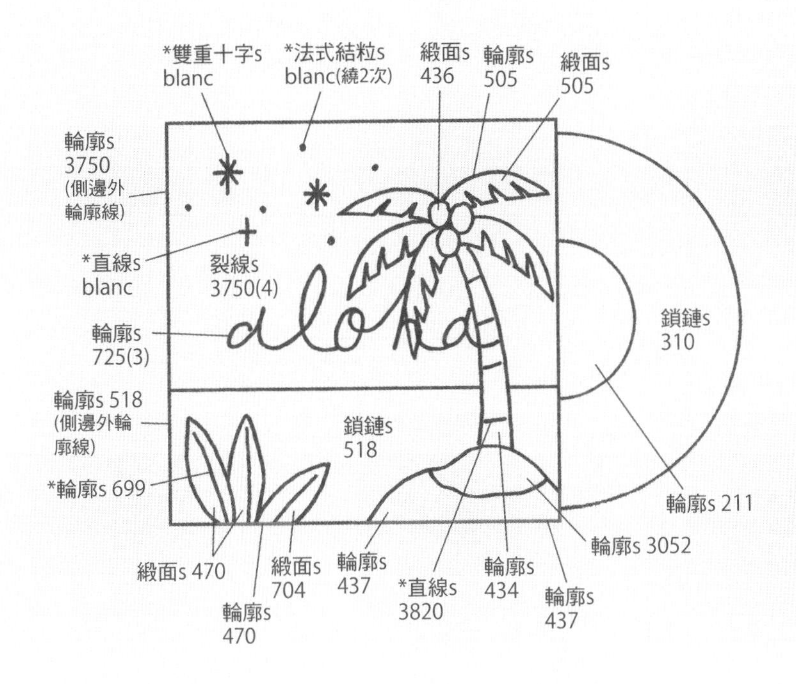
*雙重十字s
blanc
*法式結粒s
blanc(繞2次)
緞面s
436
輪廓s
505
緞面s
505
輪廓s
3750
(側邊外
輪廓線)
*直線s
blanc
裂線s
3750(4)
aloha
輪廓s
725(3)
鎖鏈s
310
輪廓s 518
(側邊外輪
廓線)
鎖鏈s
518
*輪廓s 699
輪廓s 211
輪廓s 3052
緞面s 470
緞面s
704
輪廓s
437
*直線s
3820
輪廓s
434
輪廓s
437
輪廓s
470

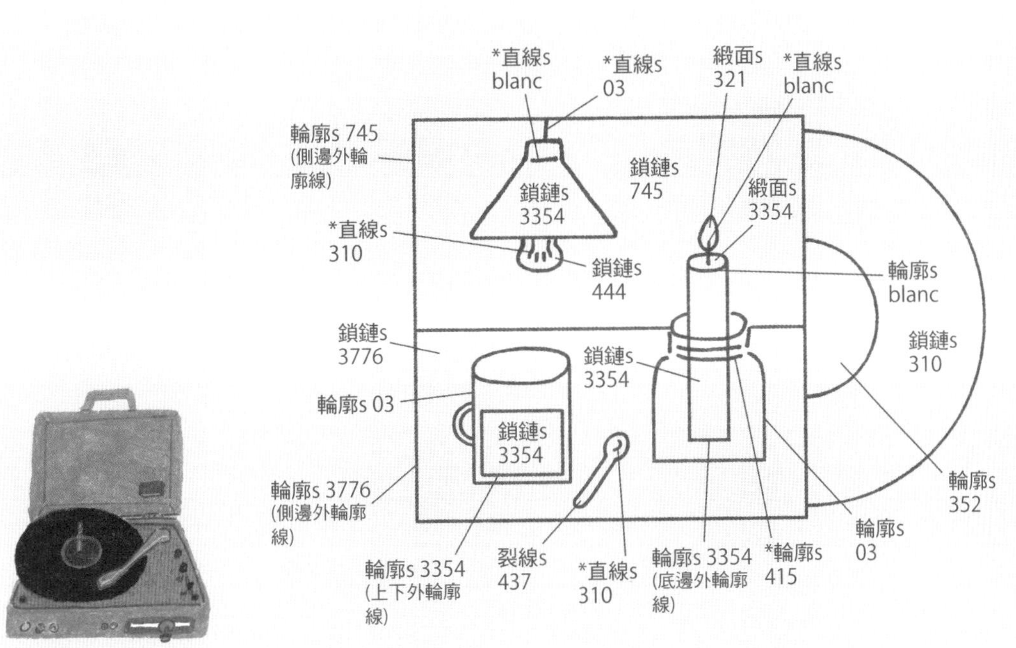
*直線s
blanc
*直線s
03
緞面s
321
*直線s
blanc
輪廓s 745
(側邊外輪
廓線)
鎖鏈s
745
鎖鏈s
3354
緞面s
3354
*直線s
310
鎖鏈s
444
輪廓s
blanc
鎖鏈s
3776
鎖鏈s
3354
鎖鏈s
310
輪廓s 03
鎖鏈s
3354
輪廓s 3776
(側邊外輪廓
線)
輪廓s
352
輪廓s
03
輪廓s 3354
(上下外輪廓
線)
裂線s
437
*直線s
310
輪廓s 3354
(底邊外輪廓
線)
*輪廓s
415

著手刺繡

黑膠唱盤須先以輪廓s繡內部小半圓的外輪廓線，再填滿小半圓的內部。大的半圓也依照相同順序進行鎖鏈s。

◆ 大象唱盤

刺繡順序

象牙、軀幹、眼睛▶
大象軀幹內部線條(317)▶
鬱金香▶
封套底色▶
封套外框▶
唱盤小半圓▶
唱盤大半圓

- 以輪廓s繡大象的象牙，沿著外輪廓線的曲線，以鎖鏈s依序繡頭部、軀幹和腿部。在身體上以317號線做輪廓s，繡耳朵底部、腹部與腿部之間的外輪廓線，以區分平面。最後以2股310號線繞3次做法式結粒s，繡眼睛。
- 分別用鎖鏈s繡鬱金香的兩個面，唯獨中央鼓起的部分以雛菊s表現，並在其上方以blanc號線做輪廓s依序繡花莖與葉片。大象腳底的鬱金香之間也要不留縫隙地仔細填滿。

◆ 黑膠唱片機

刺繡順序

唱盤▶轉盤上的唱臂、調節鈕、按鈕▶
轉盤外框▶
轉盤側面控制鈕部分▶
側面底色▶
轉盤防塵蓋內部線條▶
防塵蓋標籤▶
防塵蓋底色▶
標籤外輪廓線▶
防塵蓋提把

- 以03號線做輪廓s繡唱盤中央的轉軸，再分別以鎖鏈s依序繡唱盤的小圓與大圓。
- 以輪廓s繡轉盤上方的唱臂（長型棒狀物）後，以blanc做直線s繡唱盤上的唱針。接著細密地繡調節鈕與按鈕，填滿轉盤的底部，並以612號線做輪廓s繡外框。
- 先繡側面的控制鈕，面板部分以415,995號線做輪廓s。接著以612號線做鎖鏈s繡側面的外輪廓線後，填滿側面底色。
- 防塵蓋以317號線做輪廓s繡內部線條區分平面，接著以959號線繡標籤面，再以鎖鏈s繡防塵蓋的底色。在其上方繡好標籤的外輪廓線後，以輪廓s繡提把。

◆ aloha唱盤

刺繡順序

椰子樹的果實、葉片▶
椰子樹樹幹▶島嶼▶
闊葉植物▶aloha▶
天空▶星星▶大海▶
唱盤小半圓▶
唱盤大半圓

- 以緞面s繡椰子果實，再以505號線做輪廓s，僅繡葉片頂部細長的曲線，再以緞面s繡葉面，並預留帶尖角的葉縫。繡好樹幹之後，在其上方以直線s繡樹幹的分節。
- 均勻地繡好島嶼的兩個平面後，以437號線做輪廓s繡圖面上標示的底邊外輪廓線，並將唱盤封套的外框線整理平整。
- 闊葉植物部分，以中央的葉脈為基準，兩側分別呈V字型做緞面s，並在其上方繡葉脈。接著以470號線做輪廓s繡圖面上標示的底邊外輪廓線。

- 以3股725號線做輪廓s，細密地繡英文字樣，字樣的末端稍微與椰子樹重疊。
- 以4股3750號線做橫向的裂線s繡天空，尤其英文字樣的內部與椰子樹葉片之間的窄縫，也要仔細繡好。接著以輪廓s繡兩側的外輪廓線，再繡星星。
- 以橫向的鎖鏈s繡大海，再以輪廓s繡兩側的外輪廓線。

◆ 下午茶唱盤

刺繡順序

吊燈▶蠟燭、玻璃瓶▶杯子、茶匙▶牆面底色▶桌面底色▶唱盤小半圓▶唱盤大半圓

- 以鎖鏈s繡燈罩與燈泡，在燈泡上以310號線做直線s繡鎢絲。
- 分別以緞面s繡燭火與蠟燭頂部後，以直線s在兩者間相互來回重疊繡燭芯。接著依序繡頂部底邊線條、燭身和蠟燭底部外輪廓線。在蠟燭上以輪廓s繡玻璃瓶的瓶口與瓶身。
- 以輪廓s繡好茶杯的外輪廓線後，距離少許間隔以鎖鏈s繡杯中飲料的底色，只有飲料的上、下外輪廓線以輪廓s刺繡。
- 分別以橫向的鎖鏈s繡牆面與桌面的底色，只有兩側的外輪廓線以輪廓s刺繡。

溜冰鞋、棒棒糖、心型墨鏡、冰淇淋

ROLLER SKATE, LOLLIPOP, HEART SUNGLASS, ICE CREAM

只要提起復古，就令人聯想到洋溢青春氛圍的主題。
溜冰鞋、冰淇淋、心型墨鏡和棒棒糖，每個圖樣都以活潑的色彩突出亮點。
刺繡完成後，可以在外圍繡一圈毛邊繡，試著製作成繡片吧。p.191

選用繡線 DMC 25號繡線：
【冰淇淋】151, 321, 435, 444, 518, 603, 701, 741, 818, 893, 3856, ecru
【溜冰鞋】31, 210, 413, 415, 564, 727, 959, 3776, 3825, blanc
【心型墨鏡】221, 310, 321, blanc
【棒棒糖】353, 415, 666, 745, 3354, 3721

使用技法 輪廓s、鎖鏈s、直線s、緞面s、法式結粒s、毛邊s

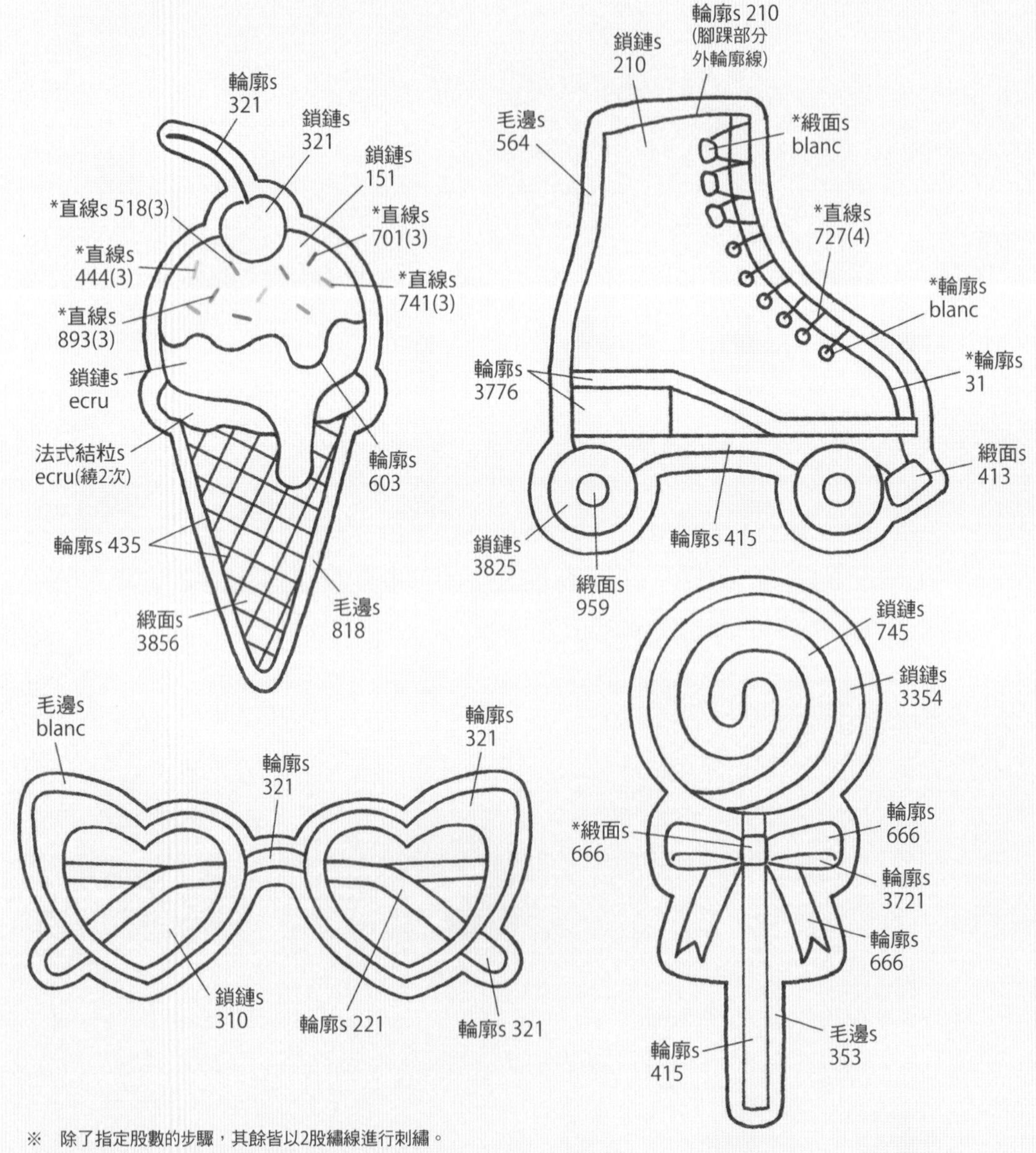

※ 除了指定股數的步驟，其餘皆以2股繡線進行刺繡。
※ 須先繡好底色，再於其上方進行 * 記號的步驟。

著手刺繡　先完成外圍毛邊s以外的刺繡，再參考繡片的製作方式來收尾。（參考p.191）

◆ 冰淇淋

刺繡順序

櫻桃▶ 糖霜▶ 彩色糖粒▶ 冰淇淋（法式結粒s除外）▶ 甜筒▶ 冰淇淋法式結粒s部分

- 依照由上而下的順序進行刺繡。先以321號線做鎖鏈s繡櫻桃，再以輪廓s繡長條果蒂。接著以151號線做鎖鏈s繡彎曲的糖霜，唯下方外輪廓線須以603號線做輪廓s，以3股線做直線s在糖霜上方繡彩色糖粒。
- 沿著冰淇淋本體的外輪廓線做鎖鏈s，繡出自然滴落的模樣。
- 以435號線做輪廓s繡甜筒的外輪廓線與格紋後，以3856號線做緞面s，逐一繡每個方格平面。
- 最後沿著外輪廓線添加法式結粒s表現出冰淇淋的質感，仔細地填滿平面。

◆ 溜冰鞋

刺繡順序

鞋身底色▶ 鞋帶孔、鞋帶▶ 鞋底、鞋跟、鐵板▶ 煞車頭▶ 輪子

- 先以鎖鏈s填滿溜冰鞋鞋身的底色，以31號線做輪廓s繡鞋子前緣的內部線條，區分平面。線條上方綁鞋帶的部分及鞋帶孔，須以細密的短針腳刺繡。以4股727號線由鞋子的外輪廓線處開始，從鞋帶孔的正中央入針，表現出鞋帶穿入鞋帶孔的模樣。
- 依序做輪廓s繡鞋子的鞋底、鞋跟與鐵板，接著繡煞車頭與輪子，注意針法要稍微包覆到鐵板處，避免露出鐵板末端。輪子部分先以緞面s繡小圓後，再以圓形鎖鏈s一圈圈繡大圓。

◆ 心型墨鏡

刺繡順序

鏡片▶ 鏡片映出的鏡腳▶ 心型鏡架▶ 眼鏡鼻梁、鏡腳尾端部分

- 先以310號線做鎖鏈s繡鏡片，再以221號線做輪廓s在鏡片上繡鏡片後方映照出來的鏡腳。接著以321號線做輪廓s繡心形模樣的墨鏡鏡架，最後繡好眼鏡的鼻樑與鏡腳尾端部分即完成。

◆ 棒棒糖

刺繡順序

糖果▶ 糖果棒▶ 緞帶

- 先以3354號線做鎖鏈s繡糖果外圈的螺旋，再以745號線繡內圈螺旋。以輪廓s繡好糖果棒後，以緞面s包裹住糖果棒似地繡緞帶打結處，再依序以輪廓s繡緞帶的蝴蝶結兩側側翼與尾端緞帶。

9

懷舊玻璃杯

RETRO GLASS CUPS

這幅作品中的復古玻璃杯，近期在眾多愛好者之間又再度引起蒐集熱潮。
耐心地以細密針法繡出小尺寸的刺繡後，也試著製作成可愛的胸針吧。p.192

Family
MILK
마시자
Cola
우유

選用繡線 DMC 25號繡線：
【ORAN*C杯子】03, 415, 971
【汽水杯子】03, 321, 415
【可樂杯子】03, 415, 817
【山麓牛奶杯子】03, 310, 312, 415, 702, blanc
【香吉士杯子】03, 310, 415, 444, 666, 701
【賓格瑞杯子】03, 415, 666, 3765, blanc
【首爾牛奶杯子】03, 415, 666, blanc
【SEOJU杯子】03, 415, 702, blanc
【SUNMOND杯子】03, 415, 700, 721, blanc

使用技法 輪廓s、緞面s、回針s、裂線s、鎖鏈s、直線s、法式結粒s

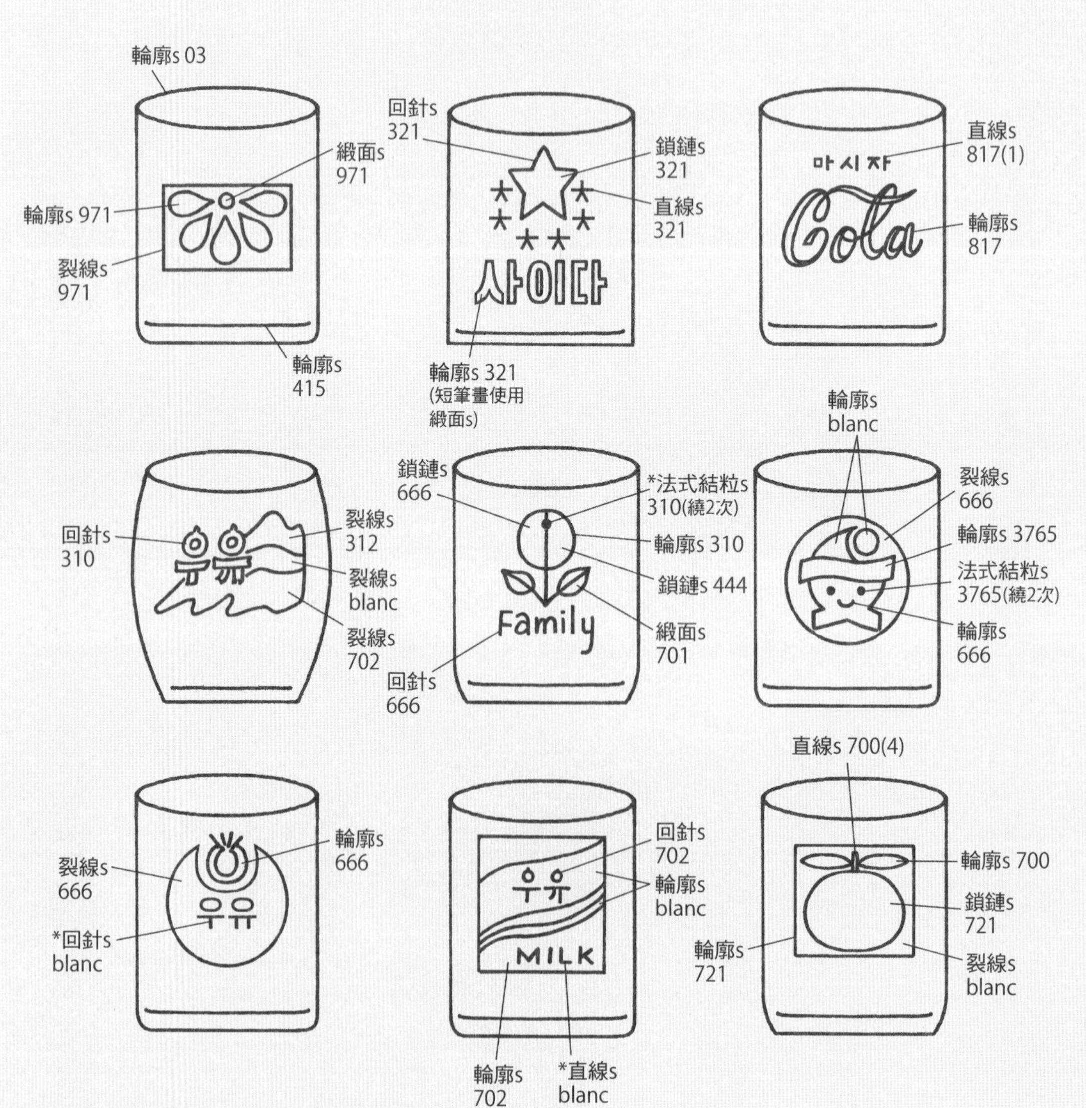

※ 除了指定股數的步驟，其餘皆以2股繡線進行刺繡。
※ 須先繡好底色，再於其上方進行*記號的步驟。

著手刺繡

- 由於圖案較小，須用短針腳仔細刺繡。
- 繡好主要的圖案後，再以輪廓s依序繡玻璃杯的外輪廓線與杯底線條。

◆ ORAN*C杯子

刺繡順序

小圓▶ 水滴狀圖樣▶ 四邊形外框▶ 杯子外輪廓線

- 先以緞面s繡小圓，並以輪廓s繡水滴模樣的外輪廓線後，填滿水滴裡面，接著以裂線s繡外框的四邊形。

◆ 汽水杯子

刺繡順序

大星星▶ 小星星▶ 사이다（汽水）字樣▶ 杯子外輪廓線

- 以回針s繡大星星的外輪廓後，星星裡面由中央開始以鎖鏈s分區刺繡。
- 小星星部分，先繡上方直線與下方兩條斜線後，以直線s一口氣繡好中央的橫線。
- 以輪廓s繡字樣，「ㅏ」、「ㄷ」的短筆畫部分使用緞面s刺繡。

◆ 可樂杯子

刺繡順序

Cola字樣▶ 마시자（喝吧）字樣▶ 杯子外輪廓線

- 英文字樣之中，筆畫較粗的面先以輪廓s繡外輪廓線，再填滿筆畫裡面，筆畫較細的線條則沿著筆畫曲線刺繡，自然地連接每個字母。喝吧字樣則以單次的直線s刺繡。

◆ 山麓牛奶杯子

刺繡順序

우유（牛奶）字樣▶ 上層面▶ 中央面▶ 底面▶ 杯子外輪廓線

- 先以短針腳的回針s繡字樣的外輪廓線，再細密地填滿裡面。山形圖樣則由上自下，分別以裂線s刺繡。

◆ 香吉士杯子

刺繡順序

花的兩面▶ 整體外輪廓線▶ 葉面▶ Family字樣▶ 杯子外輪廓線

- 以666,444號線做鎖鏈s，分別繡花朵的兩面，再以310號線做輪廓s繡整體的外輪廓線。接著以緞面s繡兩側葉面，最後以法式結粒s繡花朵上正中央的小點。
- 英文字樣以短針腳的回針s仔細刺繡。

◆ 賓格瑞杯子

刺繡順序

嘴巴▶ 臉、尖頭髮、小圓(blanc)▶ 頭帶▶ 圓形底色▶ 眼睛▶ 杯子外輪廓線

- 繡好嘴巴後，沿著外輪廓線分別以blanc號線繡臉部、以3765號線繡頭帶。接著以666號線做細密的裂線s繡圓形部分的底色，最後以法式結粒s繡眼睛。

◆ 首爾牛奶杯子

刺繡順序

大標誌▶ 小標誌▶ 우유（牛奶）字樣▶ 杯子外輪廓線

- 以圓弧狀裂線s繡好大的標誌後，留下適當間隔，在上方以輪廓s繡小標誌。接著在大標誌上以blanc號線做細密的回針s繡字樣。

◆ SEOJU牛奶杯子

刺繡順序

우유（牛奶）字樣▶ 內側面(blanc)▶ 外側面(702)▶ MILK字樣▶ 杯子外輪廓線

- 以細密的回針s繡字樣，再以輪廓s依序繡內側平面(blanc)與外側平面(702)的底色，在底色上方以單次的直線s繡字樣。

◆ SUNMOND杯子

刺繡順序

橘子▶ 果蒂▶ 葉子▶ 四邊形外輪廓線▶ 四邊形平面▶ 杯子外輪廓線

- 沿著外輪廓線以圓形鎖鏈s由外而內繡橘子，以4股700號線做直線s繡果蒂，再以輪廓s繡葉子。以721號線做輪廓s繡四邊形的外輪廓線，再以blanc號線做裂線s填滿平面。

사이다
우유
우유
MILK

10

韓服罩衫

HANBOK JEOGORI

這是擁有淡雅碎花圖案的韓服罩衫刺繡。
一邊感受韓服端莊的秀麗線條，一步一步地刺繡吧。
填充飽滿的棉花、掛上蓬鬆的流蘇，製作成針插來使用也很不錯。p.193~195

選用繡線 DMC 25號繡線：
【粉色碎花罩衫】21, 151, 352, 353, 407, 603, 3347, 3354, 3364, blanc
【白色碎花罩衫】725, 741, 972, 3325, 3766, 3810, blanc
【紫色碎花罩衫】31, 210, 211, 437, 553, 676, 704, 727, 745, blanc

使用技法 長短針s、輪廓s、鎖鏈s、緞面s、直線s、毛邊s、法式結粒s、裂線s、葉形s

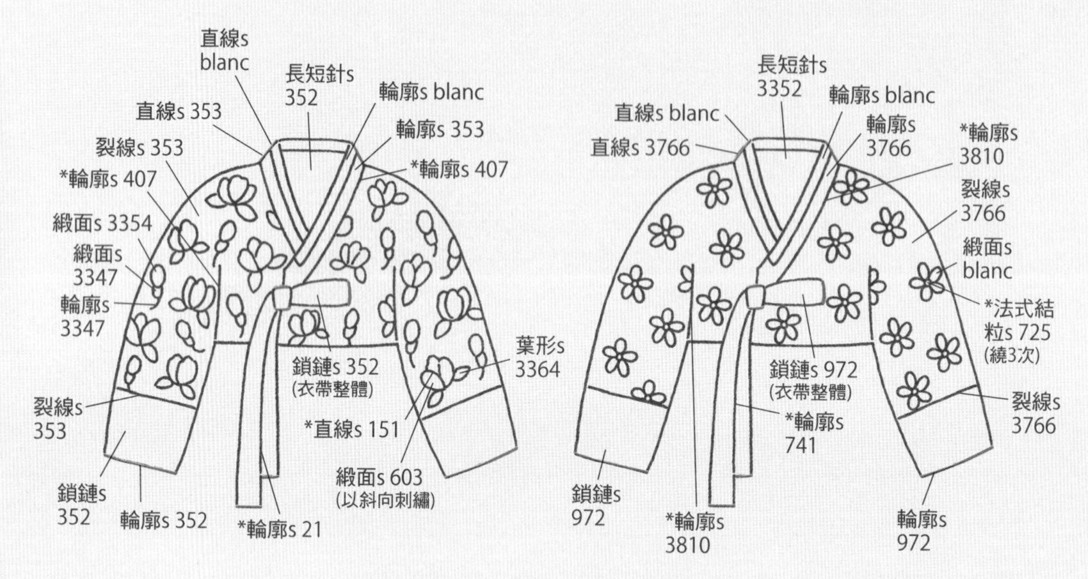

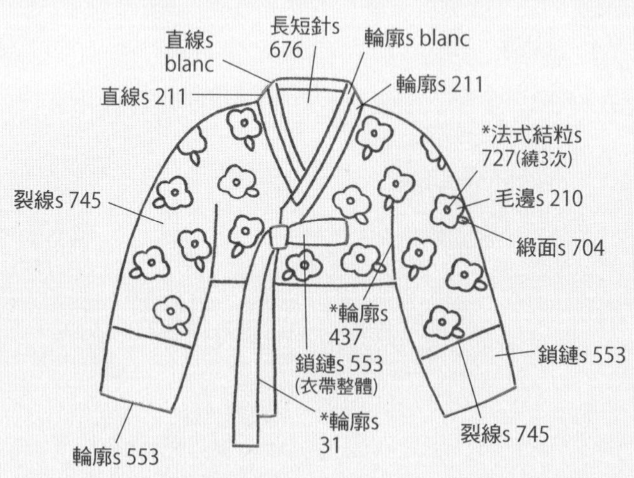

※ 圖為縮小70%的圖樣（實際大小圖樣收錄於p.206）。
※ 除了指定股數的步驟，其餘皆以2股繡線進行刺繡。
※ 須先繡好底色，再於其上方進行＊記號的步驟。

著手刺繡

刺繡順序

碎花花紋▶
衣袖、衣服本身▶
領沿與衣襟、罩衫裡面▶
衣襟底邊輪廓線、衣袖內部線條▶ 衣帶、袖口▶ 衣帶垂墜重疊的分線

- 先完成罩衫上所有的碎花花紋。

  【粉色碎花罩衫】將花瓣(603)中央部分視為一直線，兩側花瓣做斜向的緞面s，在其上方以151號線做直線s區分花瓣的面，並以葉形s繡葉子。接著以緞面s繡其他花苞，再繡花托和花莖。

  【白色碎花罩衫】以緞面s繡所有花瓣(blanc)，最後以法式結粒s繡花蕊。

  【紫色碎花罩衫】以毛邊s沿著外輪廓線繡花瓣(210)，再繡葉片。最後以法式結粒s繡花蕊。
- 分為衣袖與衣服本身兩部分，以裂線s繡罩衫的底色。
- 以輪廓s繡好領沿(blanc)與衣襟之後，以直線s分別將圖面標示的衣領上緣短輪廓線繡好，並將末端收整乾淨，再以長短針s繡罩衫內裡的平面。
- 以輪廓s繡衣襟底邊長的外輪廓線，以及衣袖與衣服之間的內部線條，區分開衣物的面。
- 以鎖鏈s繡衣帶和袖口，並以輪廓s繡圖面標示的底邊外輪廓線，將末端收整乾淨。接下來以輪廓s繡衣帶垂墜重疊的分界線，區分兩條衣帶的面。

節慶蛋糕

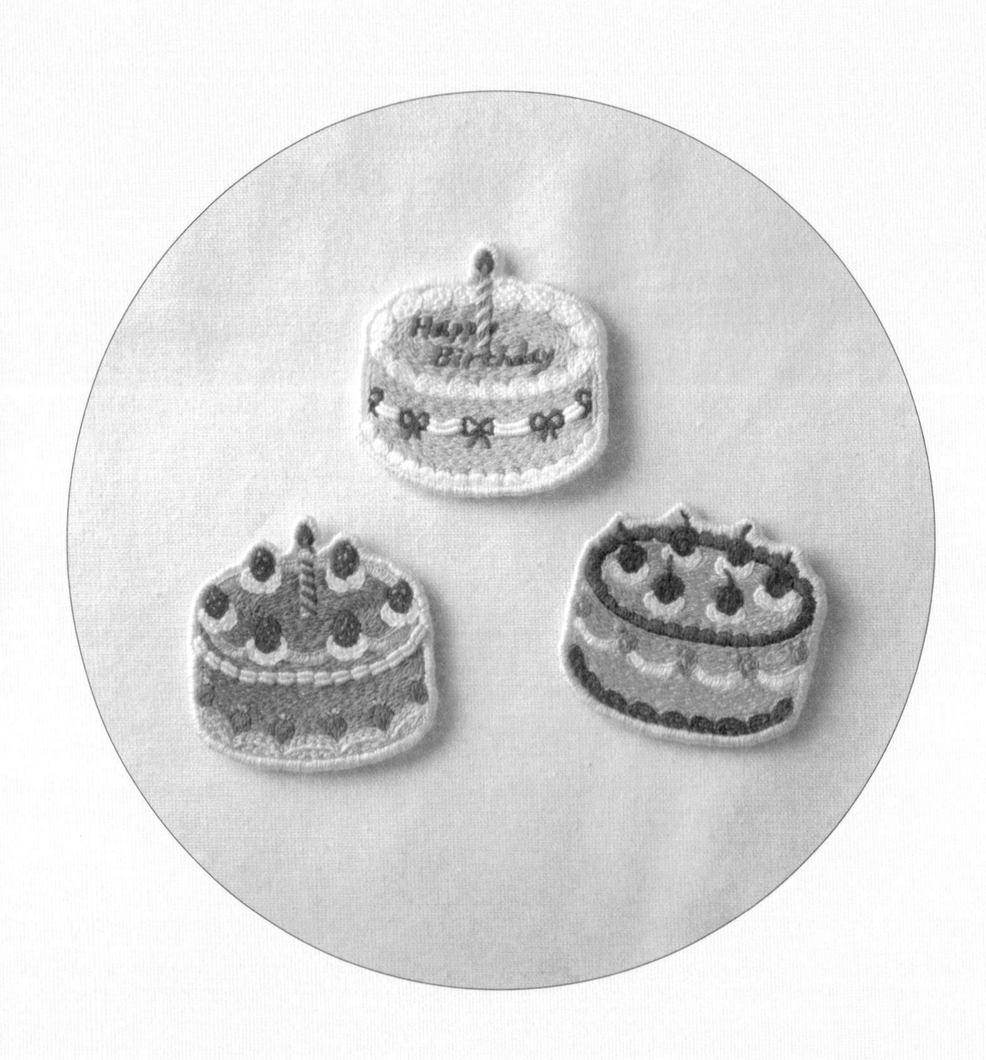

五顏六色、色彩鮮明的可愛節慶蛋糕，
蛋糕上的鮮奶油可以表現多樣的造型，是特別有趣的刺繡作品。
刺繡完成後，以緞面繡在外圍收邊，嘗試製作成繡片吧。p.196

Happy
Birthday

選用繡線　DMC 25號繡線：
【生日蛋糕】151, 321, 334, 666, 745, 971, blanc
【櫻桃蛋糕】321, 552, 725, 818, 913, 3733, blanc, ecru
【草莓蛋糕】31, 211, 321, 351, 437, 666, 727, 907, 971, 3810, 3824, blanc, ecru

使用技法　輪廓s、鎖鏈s、直線s、緞面s、毛邊s、捲線s、裂線s

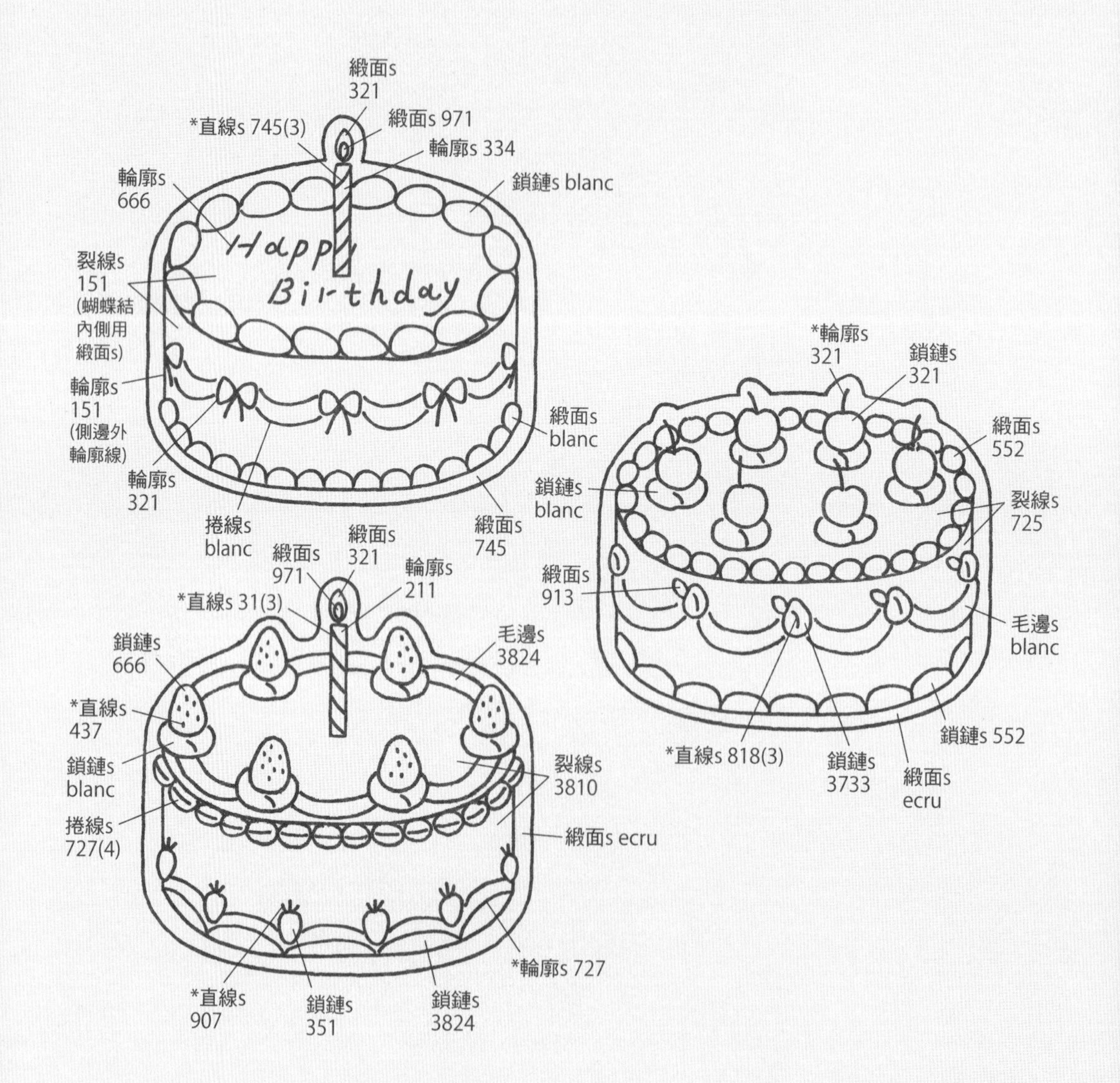

※　除了指定股數的步驟，其餘皆以2股繡線進行刺繡。
※　須先繡好底色，再於其上方進行＊記號的步驟。

著手刺繡

- 除了外圍的緞面s以外，完成其餘刺繡步驟以後，請參考繡片製作方式收尾。（參考p.196）
- 先完成蛋糕頂部，再依序製作側面。
- 蠟燭燭身上的斜線紋路以3股繡線進行直線s。

◆ 生日蛋糕

刺繡順序

蠟燭▶英文字樣▶頂部鮮奶油▶頂部底色▶蝴蝶結▶蝴蝶結之間的鮮奶油▶底部鮮奶油▶側面底色

- 先繡蠟燭，並用短針腳的輪廓s仔細地繡英文字樣，接著分別以鎖鏈s繡外圍的奶油、以裂線s繡頂部的底色。
- 繡好蝴蝶結的外輪廓線後，以blanc號線做兩條上下平行的捲線s，像是要連接蝴蝶結一樣。此時下方的捲線s須比上方略長。
- 以緞面s分別繡底部圓形的鮮奶油，並以裂線s繡側面底色，蝴蝶結內側的空間則以緞面s刺繡，再以輪廓s繡兩側外輪廓線收尾。

◆ 櫻桃蛋糕

刺繡順序

櫻桃▶櫻桃下的奶油▶頂部外圈奶油(552)▶頂部底色▶櫻桃果蒂▶花朵▶拱形奶油▶底部奶油(552)▶側面底色

- 繡好櫻桃之後，在櫻桃下方以鎖鏈s繡鮮奶油的兩個面。接著以緞面s繡頂部外圈的鮮奶油(552)，並填滿頂部的底色，再以輪廓s繡櫻桃的果蒂。
- 以鎖鏈s繡好側面的花朵後，以3股818號線做直線s繡花朵內部的線條。接著繡葉片，像是要連接花朵一般在花朵之間繡細密的毛邊s。接著繡底部的鮮奶油(552)，再以裂線s繡側面的底色後收尾。

◆ 草莓蛋糕

刺繡順序

蠟燭▶草莓▶草莓下的鮮奶油▶頂部外圈鮮奶油(3824)▶頂部底色▶側面上緣鮮奶油(727)▶草莓形狀鮮奶油▶底部鮮奶油(3824、727)▶側面底色

- 繡好蠟燭之後，以鎖鏈s繡草莓，接著在草莓上繡小小的籽。此時若將籽繡在鎖鏈s的縫隙之間，可能會被埋沒，因此須重疊繡在鎖鏈s之上。
- 以鎖鏈s分別繡草莓下方鮮奶油的兩個面，在鮮奶油之間以毛邊s像是連接鮮奶油般繡外圈，並填滿頂部的底色。
- 在頂部下方做兩條上下平行、短小的捲線s，繡側面上緣的鮮奶油(727)。
- 繡好下緣草莓形狀的小鮮奶油後，在鮮奶油之間以鎖鏈s緊密地繡出拱形模樣的鮮奶油。在拱形鮮奶油上以727號線做輪廓s，繡中間的線條。

復古罐頭

VINTAGE CANS

擁有草莓、檸檬、橘子、水蜜桃四種水果的罐頭圖樣。
這幅作品由五顏六色的水果搭配英文字體，更增添復古氛圍。
將作品製作成畫框，作為室內裝飾小物也很不錯。

STRAWBERRY
lemon
FRESH
ORANGE
PEACH

選用繡線 DMC 25號繡線：
【草莓罐頭】03, 04, 321, 413, 415, 666, 700, 727, 909, 932, 3856, blanc
【檸檬罐頭】03, 312, 351, 413, 415, 444, 727, 745, 913, 971, 972, 3347, 3814, blanc
【橘子罐頭】03, 04, 353, 413, 415, 552, 702, 741, 745, 972, 3766, ecru, blanc
【水蜜桃罐頭】03, 169, 413, 415, 505, 745, 760, 761, 967, 972, 3712, 3765, 3731, 3826, blanc

使用技法 輪廓s、鎖鏈s、裂線s、直線s、緞面s、葉形s、法式結粒s

※ 除了指定股數的步驟，其餘皆以2股繡線進行刺繡。
※ 須先繡好底色，再於其上方進行 * 記號的步驟。

著手刺繡

刺繡順序

商標▶ 罐頭上下方底色▶ 頂部▶ 底部

- 先繡好商標後，以鎖鏈s填滿罐身上、下方的底色。接著以裂線s根據各個面的顏色繡兩側的外輪廓線。
- 以03號線做輪廓s繡頂部的最外圈，唯兩側短邊的外輪廓線做直線s。接著以04號線做輪廓s繡罐頭的拉環，並填滿內側平面。
- 以輪廓s繡好底部，再以直線s繡兩側短邊外輪廓線。

◆ 草莓罐頭

刺繡順序

草莓果蒂▶
草莓▶ 莖、葉▶
英文字樣▶
商標底色

- 繡好草莓果蒂後，緊貼果蒂下方以鎖鏈s繡草莓，再以直線s繡草莓籽。若將籽繡在鎖鏈s的縫隙間可能會被埋沒，注意須重疊繡在鎖鏈s上。
- 以3股909號線做輪廓s繡莖幹，葉片則以700號線做葉形s。
- 以短針腳的輪廓s繡英文字樣，再以727號線做裂線s繡商標的底色。在底色上以932號線做輪廓s繡商標上緣內側的線條。

◆ 檸檬罐頭

刺繡順序

兩顆檸檬的底色▶
檸檬重疊處外輪廓線▶ 葉子▶
英文、數字字樣▶
商標底色▶
英文字樣底線、檸檬後線條(351)▶
商標上下方邊線(312)

- 以鎖鏈s分別繡好檸檬，再以緞面s繡檸檬頭尾部分。圖面上所標示的線條處，以972號線繡檸檬重疊處的外輪廓線，區隔兩顆檸檬的平面。以葉形s繡葉子，最後再進行法式結粒s。
- 以短針腳的輪廓s繡英文與數字字樣後，繡商標的底色。在底色上以3股351號線做輪廓s繡底線，再繡商標上下方薄薄的邊線(312)。
- 以輪廓s繡罐身上緣的英文書寫體字樣後，再填滿底色。

◆ 橘子罐頭

刺繡順序

橘子、橘子橫切面▶
葉子▶
英文字樣▶
緞帶▶
商標底色

- 左側橘子的部分，以鎖鏈s繡橘子，再以緞面s繡果蒂。橘子的橫切面以745號線做輪廓s繡分線，再以972號線做緞面s分別繡好每一瓣果肉。接著以葉形s繡葉片。
- 以3股552號線做細密的輪廓s繡英文字樣後，以裂線s繡緞帶，接著填滿商標的底色。

◆ 水蜜桃罐頭

刺繡順序

水蜜桃▶ 枝葉▶
英文字樣、緞帶▶
商標底色

- 分別以760,761兩色繡線做鎖鏈s繡水蜜桃，在水蜜桃上再分別以3731,3712兩色做輪廓s，繡水蜜桃的外型，接著繡枝葉部分。
- 以短針腳的輪廓s繡英文字樣，接著以裂線s繡緞帶的外輪廓線後，再以緞面s填滿內側。依照相同順序繡緞帶的背面(972)，最後以鎖鏈s填滿商標的底色。

13

遊戲機

GAME MACHINES

縈繞著些許青綠光芒的小小畫面，以及細小顆粒狀的電子雞，
這幅刺繡作品就是激發無數回憶的經典，掌上型電子遊戲機。
嘗試利用它們製作成可愛的繡片或胸針吧。p.192

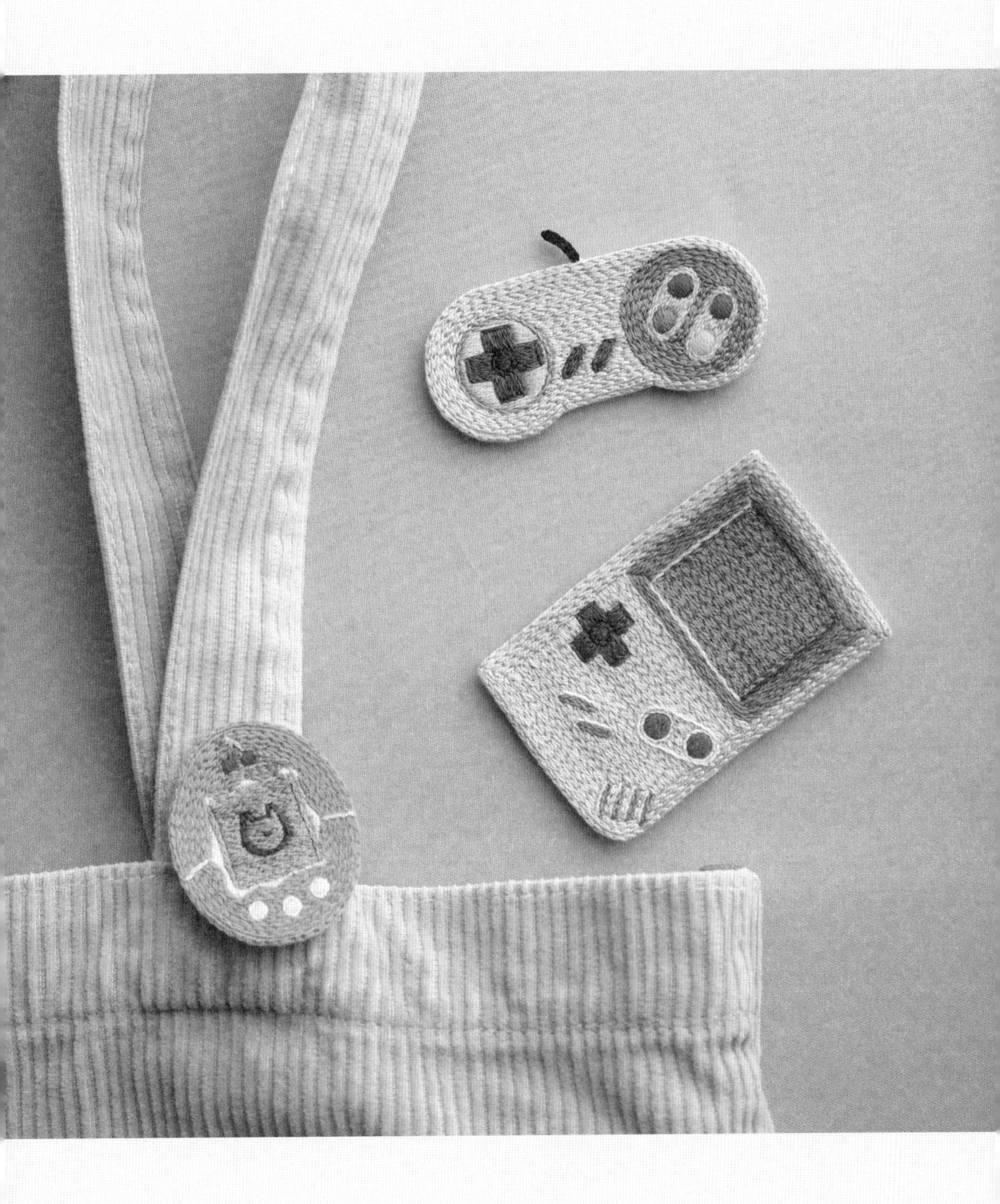

選用繡線 DMC 25號繡線：
【掌上型遊戲機】04, 413, 414, 415, 470, 762, 3350, 3799
【搖桿控制器】04, 168, 169, 310, 312, 413, 444, 666, 700, 3799
【電子雞】321, 745, 818, 913, 3364, 3733, 3799, blanc

使用技法 輪廓s、鎖鏈s、裂線s、直線s、緞面s

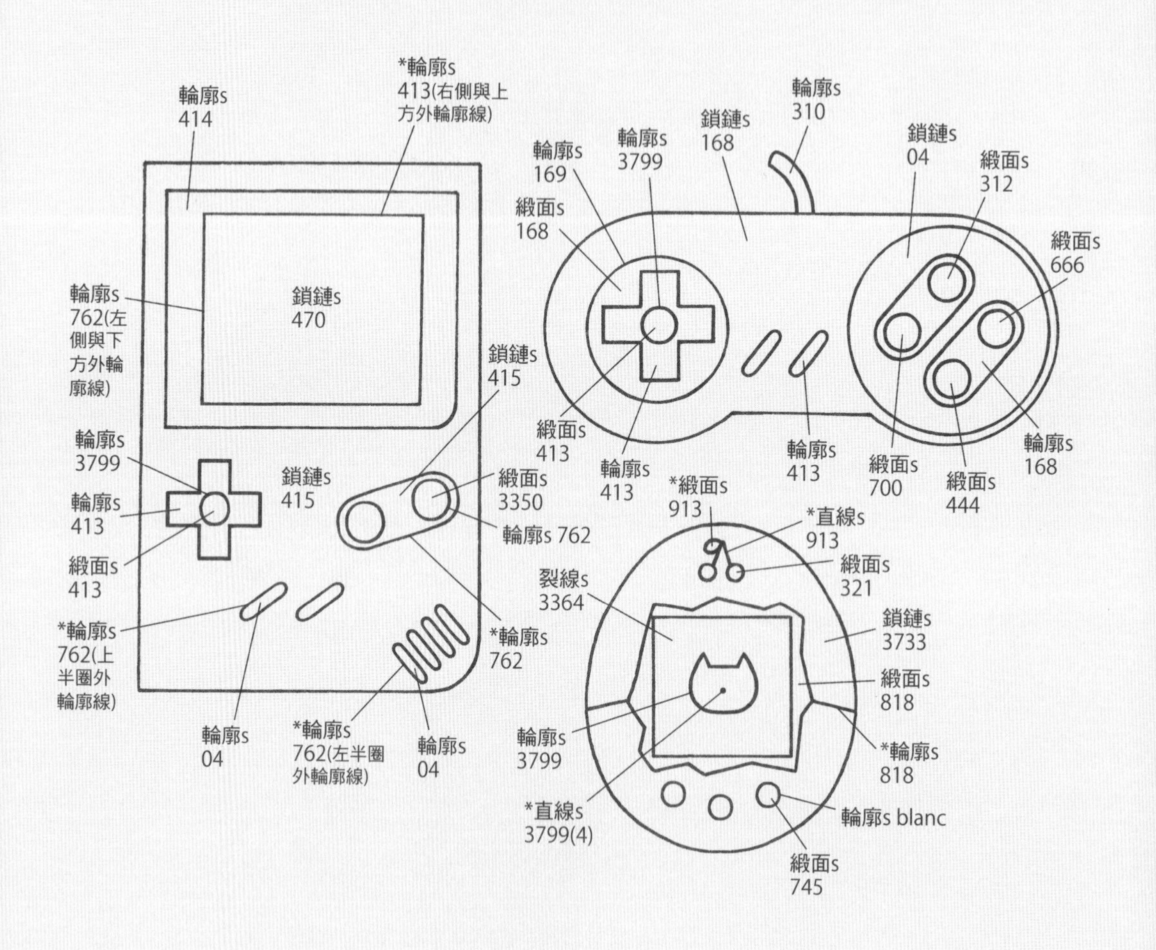

※ 除了指定股數的步驟，其餘皆以2股繡線進行刺繡。
※ 須先繡好底色，再於其上方進行＊記號的步驟。

◆ 掌上型遊戲機

刺繡順序

螢幕▶
螢幕外圍邊框▶
螢幕外輪廓線▶
按鈕、喇叭孔▶
遊戲機機身▶
按鈕外輪廓線

- 繡好螢幕與外圍邊框後，在底色上分別以兩種顏色做輪廓s，繡出螢幕的外輪廓線以表現立體感，以762號線繡出左側與下方外輪廓線（∟直角線），另以413號線繡出右側與上方的外輪廓線（¬直角線）。
- 以緞面s繡好十字按鈕中央的圓形後，以3799號線做輪廓s繡出圓形的外輪廓線。接著以輪廓s繡十字按鈕的外輪廓線之後填滿內側。接著依照按鈕、外輪廓線的順序繡出圓形按鈕，再以輪廓s繡細長形薄按鈕與喇叭孔。
- 以415號線做鎖鏈s繡出遊戲機的外輪廓線後填滿機身，在機身上以輪廓s繡圓形按鈕的橢圓形外框，接著以輪廓s繡長按鈕與喇叭孔各半圈外輪廓線，表現具立體感的型態。

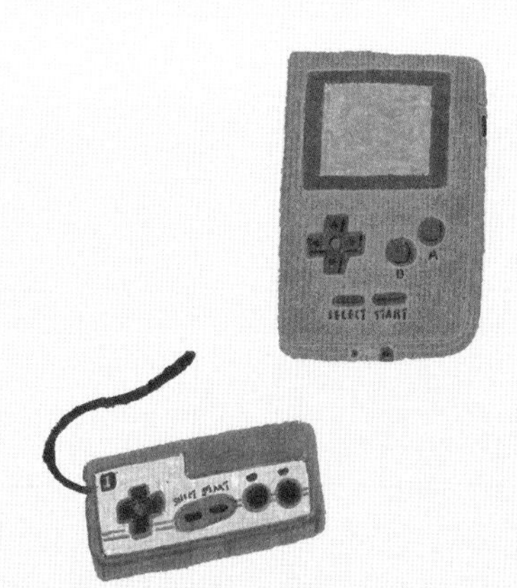

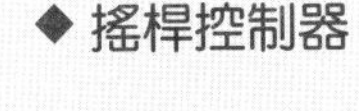

◆ 搖桿控制器

刺繡順序

十字按鈕▶
按鈕外圍圓圈▶
細長形按鈕▶
圓形按鈕▶
橢圓形框▶
大的圓形面▶
控制器本體▶
電線

- 以緞面s繡十字按鈕的小圓，用輪廓s繡小圓的外輪廓線，接著繡按鈕的外輪廓線並填滿內側。以橫向緞面s繡按鈕外圍的圓圈，再以169號線做輪廓s繡圓圈的外輪廓線。
- 以413號線繡細長形薄按鈕，用緞面s分別繡出各個圓形按鈕。接著以168號線做輪廓s繡圓形按鈕的橢圓形框之後，以04號線做鎖鏈s填滿外側大的圓形面。
- 沿著搖桿的外輪廓線做鎖鏈s繡控制器本體形狀，再以輪廓s繡好電線後收尾。

◆ 電子雞

刺繡順序

貓咪臉型外輪廓線▶
螢幕▶
貓咪鼻子▶
螢幕外圈邊框▶
按鈕、櫻桃▶
電子雞機身▶
櫻桃枝葉、電子雞中間分隔線

- 以輪廓s繡好貓咪臉型的外輪廓線後，以3364號線做裂線s填滿螢幕與貓咪的臉。接著在貓臉上以4股3799號線做極短的直線s繡貓咪的鼻子，再以緞面s繡螢幕外圍的曲折線邊框。
- 繡好圓形按鈕與櫻桃之後，沿著鵝蛋形以鎖鏈s繡電子雞機身。此時必須緊密貼合曲折線的邊框，避免露出邊框的邊緣。在機身上繡櫻桃的枝葉，以及電子雞中央兩側的分隔線(818)。

文具店小零嘴

MOON-BANGGU SNACKS

好吃的小零嘴雖然有百百種，

但偶爾也會懷念校門口文具店裡販賣的柑仔店零食，總會特意去尋找。

回憶著童年的時光來刺繡，將它們製作成形形色色的冰箱磁鐵或胸針吧。p.192

포도
Cola
₩100
₩100

選用繡線 DMC 25號繡線：
【田埂玉米餅】310, 444, 700, 701, 725, 938, 3776, blanc
【可樂軟糖】221, 301, 318, 321, 444, 437, 666, 3799, blanc
【阿波羅水果香菸糖】310, 321, 666, 761, 3712, 3799, blanc
【葡萄水果糖】168, 210, 444, 552
【紅綠燈彈珠糖】03, 310, 321, 444, 518, 603, 666, 704, blanc
【啤酒棒棒糖】725, 727, blanc

使用技法 輪廓s、鎖鏈s、裂線s、緞面s、直線s、回針s、法式結粒s

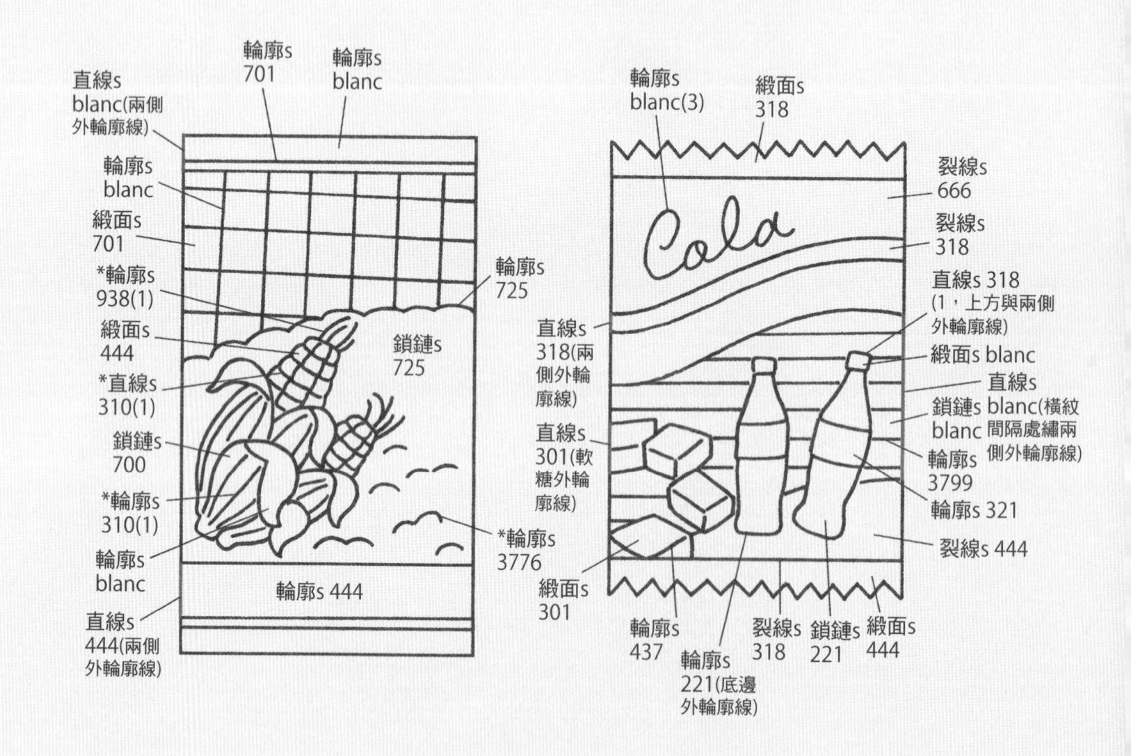

※ 除了指定股數的步驟，其餘皆以2股繡線進行刺繡。
※ 須先繡好底色，再於其上方進行＊記號的步驟。

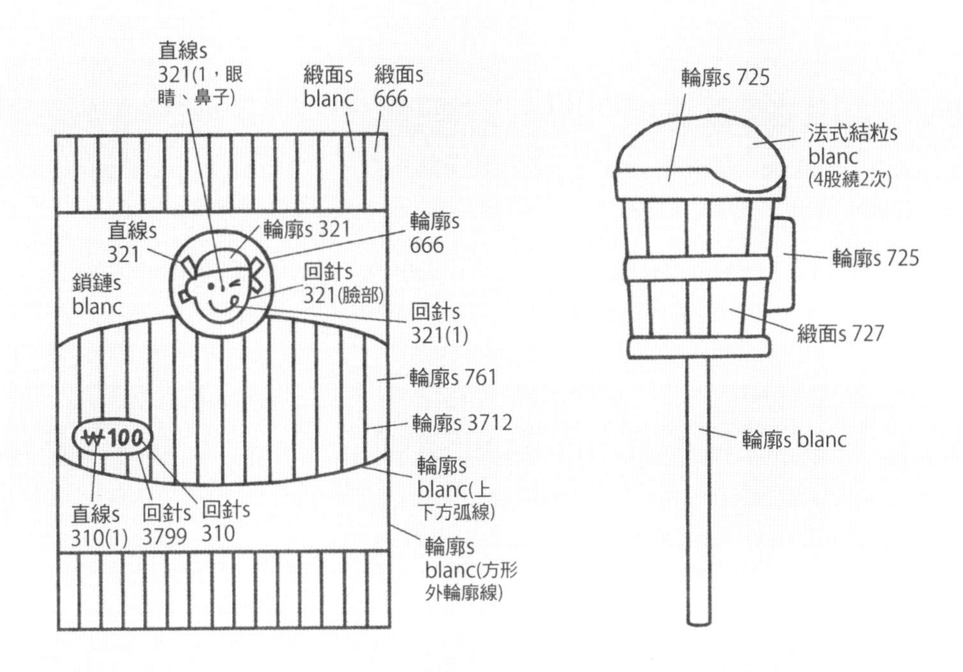
直線s
321(1，眼
睛、鼻子)
緞面s
blanc
緞面s
666
直線s
321
輪廓s 321
輪廓s
666
鎖鏈s
blanc
回針s
321(臉部)
回針s
321(1)
輪廓s 761
輪廓s 3712
₩100
輪廓s
blanc(上
下方弧線)
直線s
310(1)
回針s
3799
回針s
310
輪廓s
blanc(方形
外輪廓線)
輪廓s 725
法式結粒s
blanc
(4股繞2次)
輪廓s 725
緞面s 727
輪廓s blanc

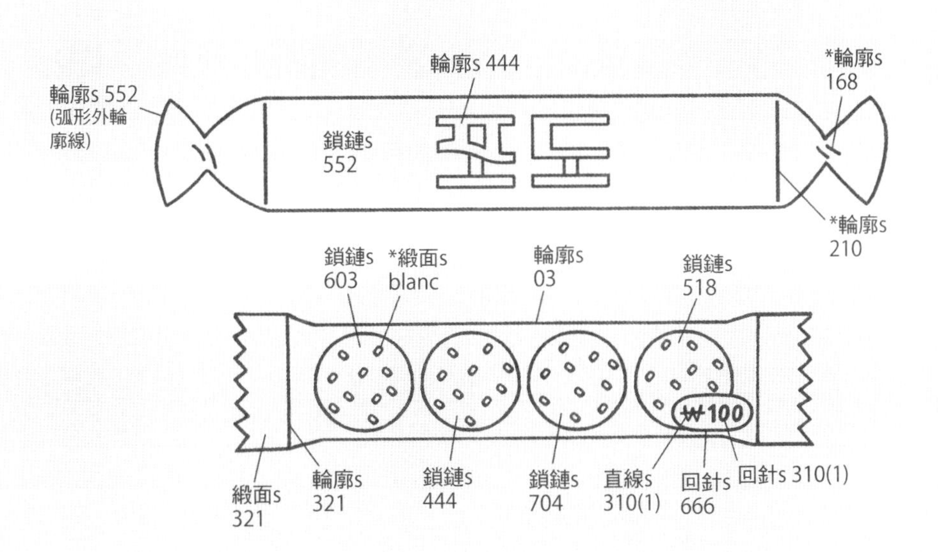
輪廓s 444
輪廓s 552
(弧形外輪
廓線)
鎖鏈s
552
포도
*輪廓s
168
*輪廓s
210
鎖鏈s
603
*緞面s
blanc
輪廓s
03
鎖鏈s
518
₩100
緞面s
321
輪廓s
321
鎖鏈s
444
鎖鏈s
704
直線s
310(1)
回針s
666
回針s 310(1)

◆ 田埂玉米餅

刺繡順序

玉米粒▶
玉米粒輪廓線▶
葉子▶葉脈▶
外包裝中段底色▶
玉米鬚、波浪狀線條(3776)▶
格紋輪廓線▶
格紋平面▶
玉米下方平面(444)▶
上下密封處(blanc)

- 以緞面s繡好玉米粒後，以1股310號線做直線s區分小格，繡出玉米粒的輪廓。接著分別繡好玉米葉的內外兩側，在葉面上以1股310號線做輪廓s繡出葉脈。
- 以豎向的鎖鏈s繡外包裝中段的底色(725)，再以輪廓s繡上端波浪狀的輪廓線。在底色上以3776號線繡短的波浪狀線條，並以1股938號線做輪廓s繡玉米鬚。
- 以輪廓s繡出外包裝上緣方格紋的輪廓線後，以緞面s仔細填滿每個方格。
- 以輪廓s依序繡外包裝下方的平面(444)，以及底下包裝袋的密封處(blanc)，再分別以直線s繡兩側的外輪廓線。

◆ 可樂軟糖

刺繡順序

可樂▶軟糖▶
可樂下方平面(444)▶
橫紋線條▶
英文字樣▶
波浪狀平面(666,318)▶
上下鋸齒狀密封處

- 先繡可樂的標籤與瓶身，唯瓶底的外輪廓線以輪廓s進行刺繡。以緞面s繡瓶蓋，並以1股318號線做直線s，繡出上方與兩側的外輪廓線。
- 以437號線做輪廓s繡軟糖內部的線條後，分別繡出軟糖的每個平面，唯圖面上標示的外包裝輪廓線重疊處須做直線s。接著繡可樂下方的平面(444)。
- 以3799號線做輪廓s繡橫紋線條，並以blanc號線做鎖鏈s繡底色，接著以橫紋線條為間隔，用直線s繡兩側的外輪廓線。
- 以3股blanc號線做細密的輪廓s，繡英文書寫體字樣。上方呈現波浪狀的平面則分別以裂線s刺繡。此時須留意，唯有較細的波浪(318)兩側的外輪廓線須以直線s刺繡。接著以緞面s細密地繡上、下兩端鋸齒狀的密封處後即完成。

◆ 阿波羅水果香菸糖

刺繡順序

臉部▶
價格標籤▶
糖果▶
外包裝底色▶
上下方條紋

- 依序仔細地繡好臉部的外輪廓線、頭髮、髮帶、眼睛、鼻子及嘴巴後，以輪廓s繡出外圍的圓形輪廓線，接著繡價格標籤。
- 以3712號線做輪廓s平整地繡出糖果的輪廓線，並以761號線填滿平面。
- 以blanc號線做輪廓s繡包裝上方的方形外輪廓線，以及糖果下方的弧線。並以鎖鏈s繡外包裝底色。
- 以雙色交替的緞面s繡條紋，刺繡時要注意須保持一致的高度。

◆ 葡萄水果糖

刺繡順序

字樣▶
糖果本身▶
內部線條、皺摺

- 先以短針腳的輪廓s繡字樣，再以鎖鏈s繡整個糖果本身，唯兩端弧形的外輪廓線以輪廓s刺繡，使其平均對齊。在糖果上以210號線繡內部線條，並以168號線做輪廓s繡出皺摺即完成。

◆ 啤酒棒棒糖

刺繡順序

啤酒杯▶
糖果棒▶
啤酒泡

- 以輪廓s繡好啤酒杯外側的面與把手後，以緞面s繡杯壁內側的面。接著繡糖果棒。
- 以4股blanc號線繞2次做法式結粒s繡啤酒泡沫，沿著外輪廓線刺繡，細密填滿整個平面。

◆ 紅綠燈彈珠糖

刺繡順序

糖果▶
價格標籤▶
外包裝外輪廓線▶
鋸齒狀密封處

- 以圓形鎖鏈s繡好糖果之後，在糖果上以緞面s任意繡出糖粒。接著以短針腳繡價格標籤。
- 先繡包裝袋的外輪廓線，接著以輪廓s繡鋸齒狀密封處內側的直線，再以緞面s填滿封口平面。

15

童年時期

CHILDHOOD

比個頭還大的紅色書包、方格日記簿、畫片（尪仔標）、
運動會分發的「獎」字筆記本、文具店前的扭蛋機、
與朋友們一起蹲坐著分食的焦糖餅（椪糖）。
懷念著童年時期，繡下當時的那些回憶吧。p.192

일기장
2-1
상

選用繡線　DMC 25號繡線：
【書包】168, 321, 349, 415, 726, blanc
【日記簿】03, 310, 347, 413, 437, 702, 721, 803, 3712, 3799, blanc
【畫片（尪仔標）】04, 413, 415, 666, 725, 817, 959, 3765, blanc
【獎】792
【扭蛋機】03, 04, 168, 221, 317, 321, 444, 603, 666, 959, 3766, 3825, blanc
【焦糖餅（椪糖）】04, 435, 437, 783, 3826

使用技法　輪廓s、鎖鏈s、直線s、緞面s、回針s、雙重雛菊s

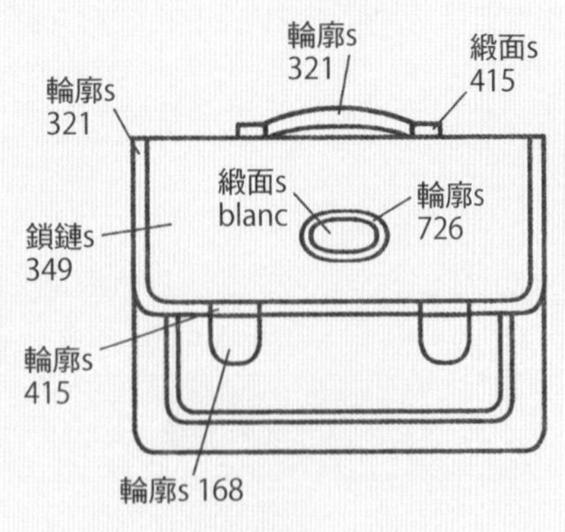

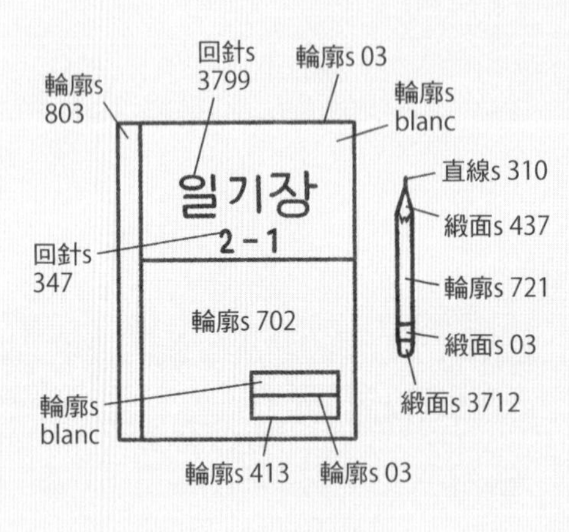

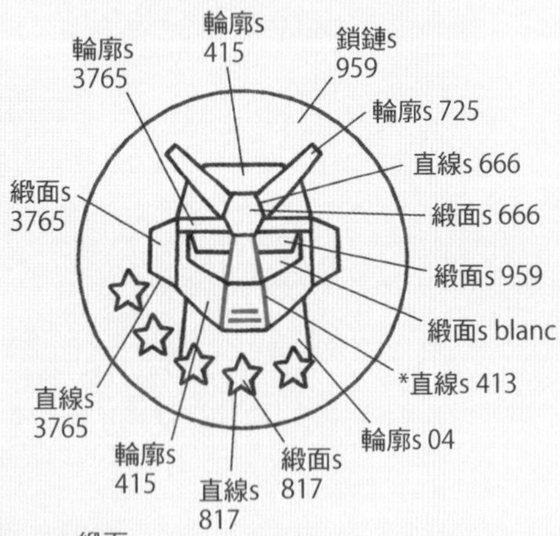

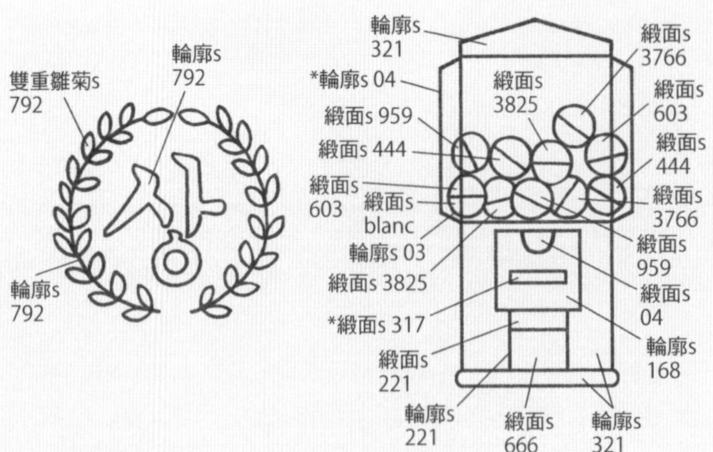

※　除了指定股數的步驟，其餘皆以2股繡線進行刺繡。
※　須先繡好底色，再於其上方進行＊記號的步驟。

◆ 書包

刺繡順序

繡片▶
書包蓋底色▶
書包扣▶
書包蓋邊框▶書包
本體底色▶提把

- 先繡好繡片後，以349號線做鎖鏈s繡書包蓋的底色。接著繡書包扣，並以321號線做輪廓s繡書包蓋的邊框，再分別繡書包的本體與提把即可。

◆ 畫片（尪仔標）

刺繡順序

機器人頭盔▶
臉部▶星星▶
畫片底色

- 先繡頭盔的V字型裝飾，再分別以輪廓s繡頭部、下巴與脖子後，以緞面s繡耳朵。接著依序繡眼睛和臉後，按照圖面標示部分，在臉部上以413號線做直線s表現出有稜有角的型態。
- 以單次的直線s先繡出星型的外輪廓線後，由中央開始以緞面s分區填滿。最後以圓形鎖鏈s繡畫片的底色即完成。

◆ 扭蛋機

刺繡順序

機器上蓋▶
扭蛋▶
上半部機身外輪廓線▶
旋鈕部分▶
扭蛋出口部分▶
下半部機身、底座

- 先繡機體上蓋與扭蛋。扭蛋外殼以各色的緞面s刺繡，其中一半先以03號線做輪廓s繡外輪廓線，再以blanc號線做緞面s繡半圓。接著在扭蛋上繡機身上半部的外輪廓線。
- 以168號線做輪廓s繡旋鈕外圍平面，再以緞面s繡上方半圓，以317號線做緞面s繡旋鈕。
- 以221號線做輪廓s繡扭蛋出口兩側的外輪廓線，以221號線繡上半部，再以666號線做緞面s繡下半部。最後以321號線做輪廓s繡扭蛋機下半部機身和底座。

◆ 日記簿

刺繡順序

文字、數字字樣▶
姓名欄位▶
日記簿底色▶
鉛筆

- 以短針腳回針s繡文字與數字，並以輪廓s繡姓名欄位。接著分別以輪廓s繡日記簿的兩種底色，再以803號線繡左側的長封條。
- 鉛筆先依序繡出木質筆桿與橡皮擦後，最後再以短小的直線s繡出筆芯。

◆ 獎

刺繡順序

字樣▶月桂枝▶
月桂葉

- 整幅刺繡皆以792號線一種色彩製作。先以輪廓s繡出文字的外輪廓線並填滿，接著以輪廓s繡月桂樹枝後，再以雙重雛菊s繡葉片。

◆ 焦糖餅（椪糖）

刺繡順序

焦糖餅星形▶
焦糖餅底色▶
星形外輪廓線▶
焦糖餅模具

- 由中央以鎖鏈s分區填滿星形，以圓形鎖鏈s繡餅的底色，再以435號線做輪廓s繡外緣的線條後，接著以783號線做鎖鏈s繡最外圍的圓形。在底色上方分別以兩種顏色的輪廓s繡出星形的外輪廓線，最後再以輪廓s繡焦糖餅的模具。

16

懷舊廚房

RETRO KITCHEN

這是將廚房裡使用的杯子、盤子、茶壺和保溫瓶，
以復古風的花色為亮點繡出的作品。
尤其是紅色格紋的保溫瓶，更添懷舊情懷，喚起心中思念。

選用繡線 DMC 25號繡線：
【杯子】301, 444, 470, 676, 741
【盤子】435, 519, 721, 726, 905, ecru
【茶壺】415, 434, 444, 554, 699, 702, 721, 725, 744, 783, 3347, ecru
【保溫瓶】347, 349, 437, 726, 938

使用技法 輪廓s、鎖鏈s、裂線s、緞面s

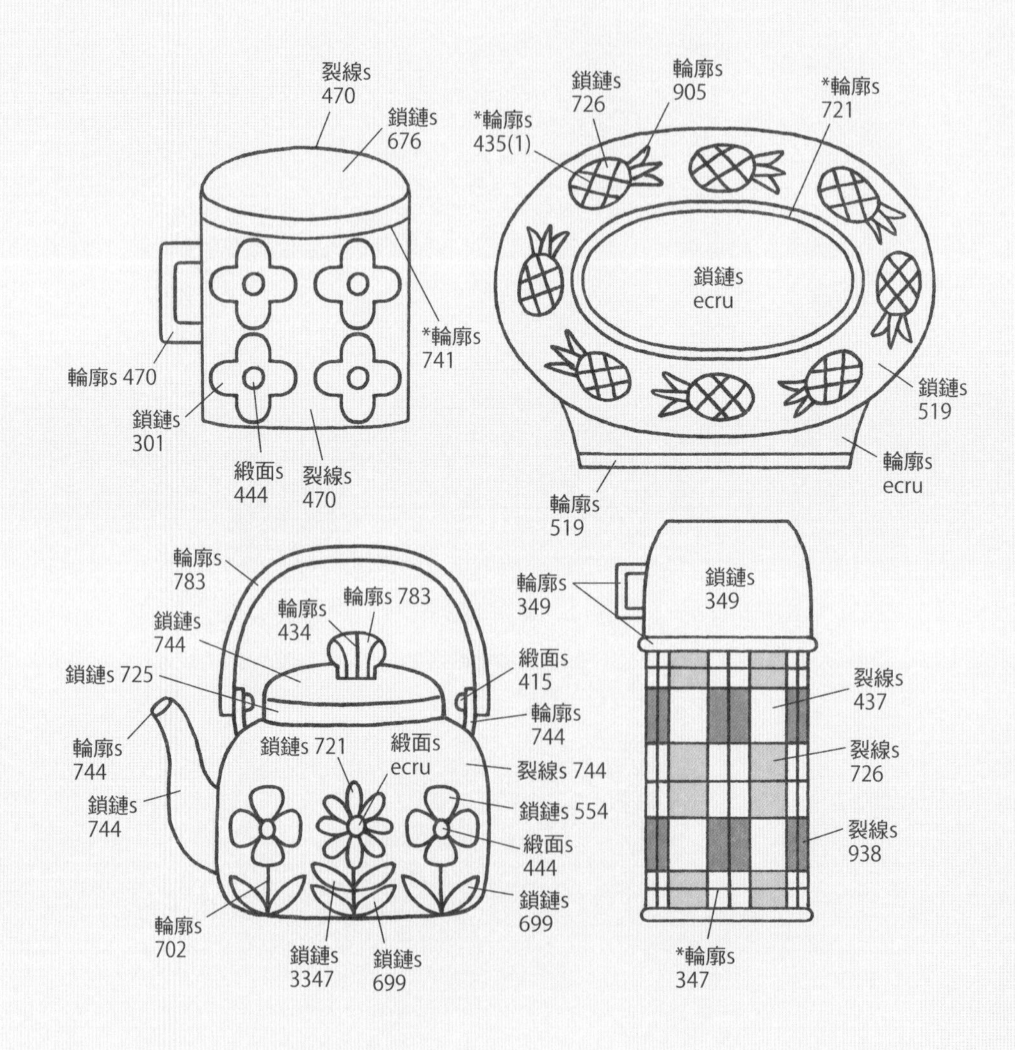

※　除了指定股數的步驟，其餘皆以2股繡線進行刺繡。
※　須先繡好底色，再於其上方進行＊記號的步驟。

◆ 杯子

刺繡順序

花紋▶
杯身▶
把手▶
杯子內部

- 先以緞面s繡好花蕊後，以鎖鏈s繡花瓣。接著繡杯口處的輪廓線，再以470號線做裂線s繡杯身，並在杯身上以741號線做輪廓s繡上緣弧線。最後分別以輪廓s及鎖鏈s，繡把手與杯子內部平面。

◆ 盤子

刺繡順序

盤子中央平面▶
鳳梨花紋▶
盤子外圈▶
盤子底部

- 以圓形鎖鏈s繡盤子中央的平面，在其上以721號線做輪廓s繡裝飾線。
- 鳳梨花紋部分先以鎖鏈s繡橢圓形的底色，在底色上以1股435號線做輪廓s繡格紋狀。繡好鳳梨的葉片後，以鎖鏈s繡盤子的外圈，接著以輪廓s繡盤子的底部即完成。

◆ 茶壺

刺繡順序

花蕊▶ 花瓣▶
花莖、葉子▶
壺身▶ 壺嘴▶
壺蓋把手▶ 壺蓋▶
螺絲部分▶ 提把

- 先以緞面s繡花蕊後，以鎖鏈s繡花瓣，繡好花莖後，再以鎖鏈s繡葉片。
- 以744號線做裂線s繡茶壺壺身的外輪廓線，再仔細地填滿壺身底色。接著以鎖鏈s繡壺嘴，唯獨壺口部分的外輪廓線以輪廓s刺繡。
- 以輪廓s繡壺蓋把手的外輪廓線後，以434號線繡木質紋路，再以783號線填滿把手。接著以鎖鏈s分別繡好壺蓋的頂部以及側面。
- 以緞面s繡出螺絲，並在重疊的位置以輪廓s繡茶壺的提把。

◆ 保溫瓶

刺繡順序

杯蓋▶
格紋的平面▶
格紋的線條▶
瓶底

- 以鎖鏈s繡杯蓋的外輪廓線後，填滿瓶蓋。接著以輪廓s繡瓶蓋下方薄薄的長形面與把手。
- 逐一參照作品的照片，以437,726,938號線由上往下做裂線s，逐一繡出瓶身上的格紋，須留意對齊每個面的高度，格紋才能顯得整齊。在格紋底色上以347號線做輪廓s繡交錯的線條即完成瓶身，最後以輪廓s繡保溫瓶底部。

17

復古汽車

OLD CARS

有稜有角的轎車、渾圓的小汽車、敞篷跑車，這是包含了三種復古車款的刺繡。
以厚實的書寫體繡出標題，製作成懷舊風格的布面海報來做裝飾吧。

選用繡線 DMC 25號繡線：
【紅色轎車】03, 310, 317, 762, 817, blanc
【藍色汽車】03, 310, 317, 334, 444, 762, 3325, blanc
【粉色跑車】03, 04, 151, 310, 317, 518, 762, 803, 893, 894, blanc
【英文字樣】318, 826

使用技法 輪廓s、鎖鏈s、直線s、緞面s

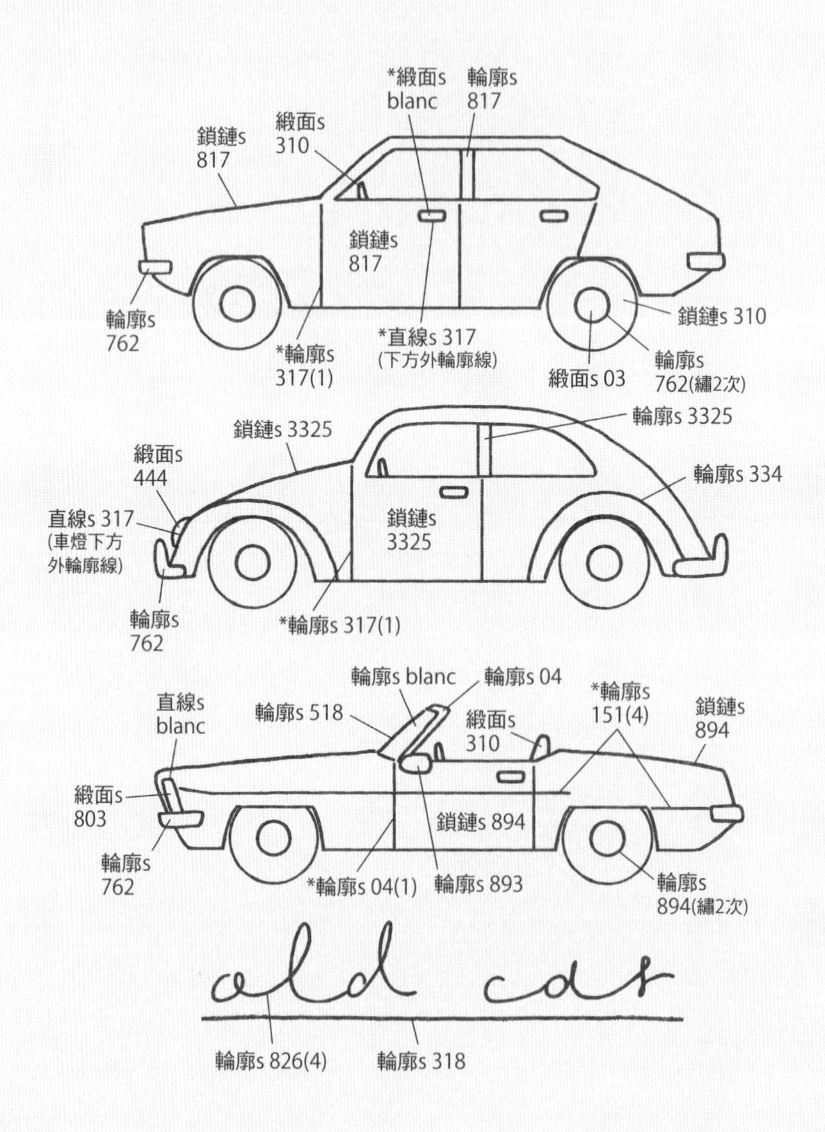

※ 除了指定股數的步驟，其餘皆以2股繡線進行刺繡。
※ 須先繡好底色，再於其上方進行＊記號的步驟。

著手刺繡

刺繡順序

前後保險桿▶ 車身整體外輪廓線▶ 車身底色、窗框▶ 車門外輪廓線(317, 04)▶ 內部線條(334, 151)▶ 門把、方向盤、車燈、擋風玻璃、後照鏡、座椅▶ 車胎▶ 英文字樣

- 先以輪廓s繡前後的保險桿，再以鎖鏈s繡車身整體的外輪廓線，接著稍微預留出車門外輪廓線與內部線條的位置，將車身的底色填滿後，以輪廓s繡車窗。
- 車門外輪廓線部分，紅色、藍色汽車以1股317號線，粉色跑車以1股04號線做輪廓s，區分出車門輪廓。
- 車身內部線條部分，藍色汽車取2股334號線，粉色跑車取4股151號線，分別以輪廓s表現出車體的輪廓。
- 以blanc做緞面s繡車門把手，唯獨門把下方的輪廓線以317號線做直線s，接著再分別繡方向盤、座椅、後照鏡與車燈。粉色跑車的擋風玻璃部分，先以04號做輪廓s繡擋風玻璃外框，再以blanc繡玻璃、以518號線繡玻璃外輪廓線。
- 以03號線做緞面s繡車胎輪框的面，紅色、藍色汽車取762號線，粉色跑車取894號線，重複進行兩次輪廓s繡輪框外輪廓線，接下來以圓形的鎖鏈s繡車胎的外圈。
- 以4股826號線做輪廓s，仔細緩緩地繡出流暢的英文書寫字體，最後繡底線。

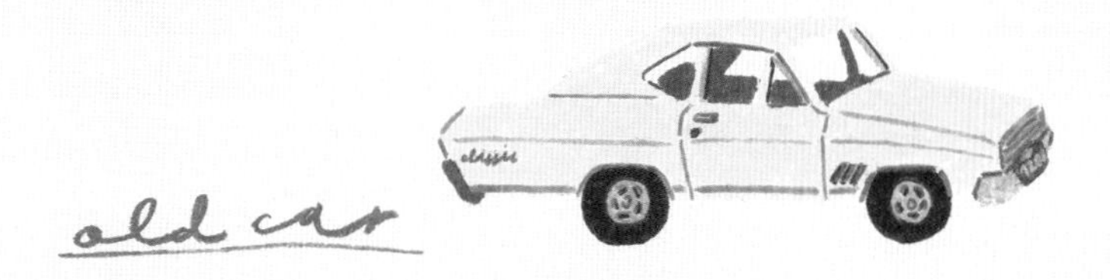

辣炒年糕與美耐皿餐具

TTEOKBOKKI & MELAMINE BOWL

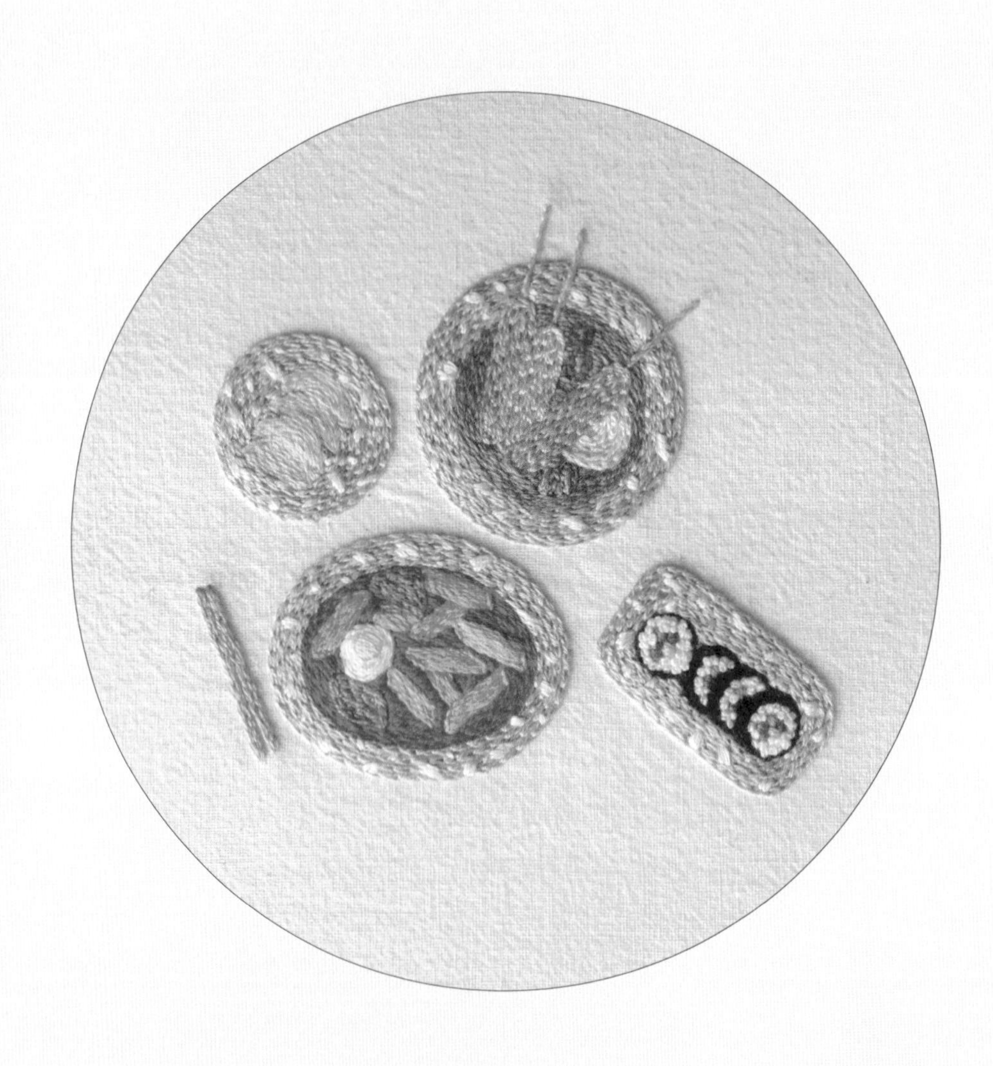

直到今日，辣炒年糕仍是熱門的小吃，

而且總覺得盛裝在綠底、滿是白色花紋的美耐皿碗盤中，似乎更添一份回憶的風味。

試著表現出食物與餐具的特徵，享受刺繡的樂趣吧。

選用繡線 DMC 25號繡線：
03, 310, 349, 435, 437, 444, 666, 676, 700, 702, 721, 726, 741, 913, 918, 972, 3712, 3776, 3856, blanc, ecru

使用技法 輪廓s、鎖鏈s、裂線s、回針s、法式結粒s、緞面s

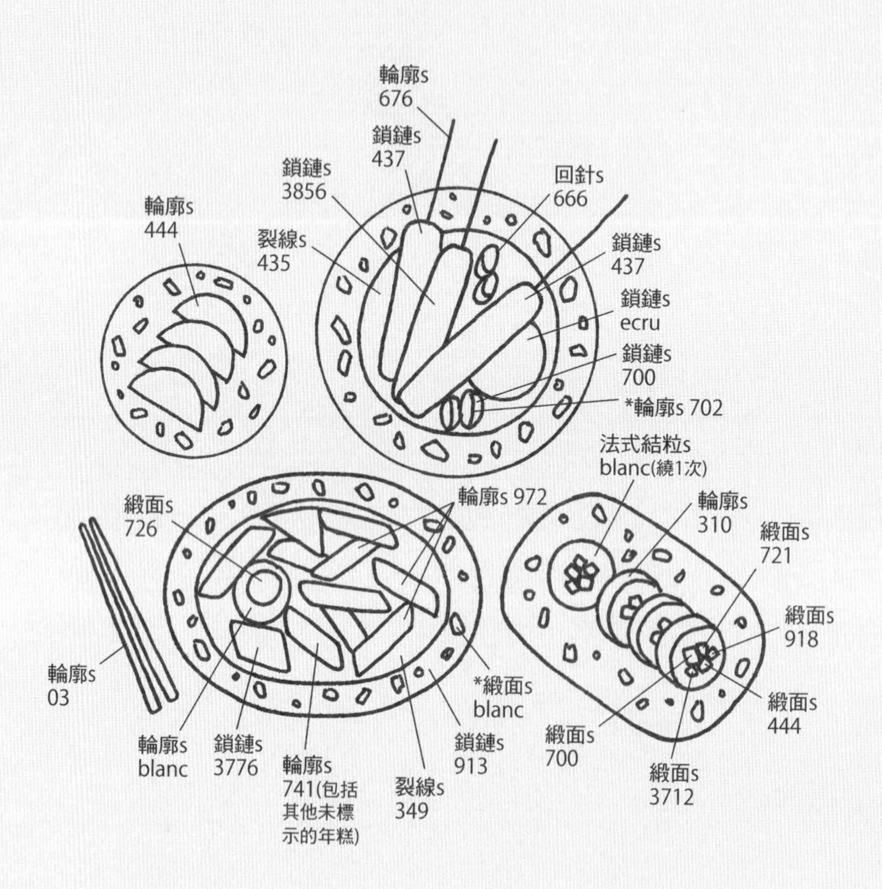

※ 除了指定股數的步驟，其餘皆以2股繡線進行刺繡。
※ 須先繡好底色，再於其上方進行＊記號的步驟。

著手刺繡

刺繡順序

食物▶湯汁▶碗盤▶筷子

- 先繡好年糕條與魚板湯中食物的內容物。年糕與魚板隨著湯汁入味的程度不同，顏色也有變化，建議先確認圖面的標示後再著手刺繡。接著以裂線s繡湯汁的外輪廓線，連同食物之間的狹窄縫隙也仔細填滿。
- 以輪廓s繡紫菜飯卷的紫菜，再分別以緞面s繡裡面的食材。接著以2股blanc號線繞1次，做法式結粒s繡細密的飯粒。
- 以輪廓s由前往後依序繡醃漬黃蘿蔔的外輪廓線，再沿著輪廓填滿裡面。
- 以913號線做鎖鏈s繡碗盤後，在底色上以緞面s繡白色的花紋，表現出美耐皿餐具的特徵。其中白色花紋無須拘泥於作品圖案，不規則任意刺繡即可。

19

像素圖畫

PIXEL ART

這是以2D遊戲的像素圖形為靈感的刺繡作品。
以正方形像素點將欲表現的主題簡化構成圖案，反而更顯得可愛。
完成後將作品製作成圓形，嘗試利用刺繡做成胸針吧。p.197

選用繡線 DMC 25號繡線：
【蘋果】434, 666, 702, blanc
【貓咪】310, 745, 760, 3731, 3826
【花朵】163, 744, 899, 3347
【小狗】310, 435, 842, 938, ecru
【西瓜】310, 699, 817

使用技法 回針s、輪廓s、鎖鏈s、緞面s

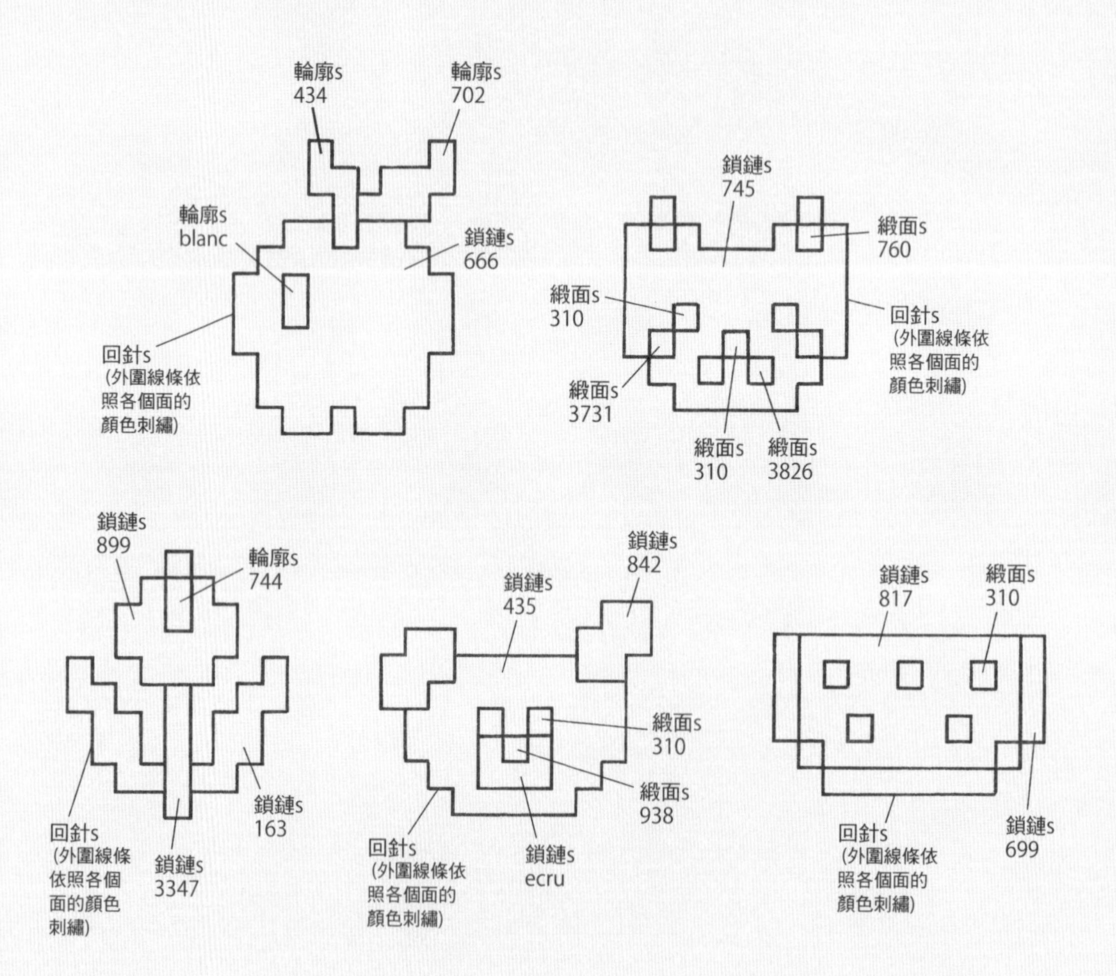

※ 除了指定股數的步驟，其餘皆以2股繡線進行刺繡。

著手刺繡

刺繡順序

內側小的面（外輪廓線→面）▶寬大的面（外輪廓線→面）

- 由於是以小正方形像素構成的各種圖案，將像素的外輪廓線表現出來是一大重點，首先繡好內側較小的平面，再繡外側較寬大的面，並且皆先以回針s繡外輪廓線後，再將平面填滿。

蘋果

光澤▶果實▶果蒂▶葉子

貓咪

眼睛、臉頰、鼻子、嘴巴▶耳朵▶臉

花朵

花蕊▶花朵▶花莖▶葉子

小狗

眼睛、鼻子、嘴巴▶臉▶耳朵

西瓜

西瓜籽▶果肉▶外皮

20

懷舊小物

RETRO MOTIF

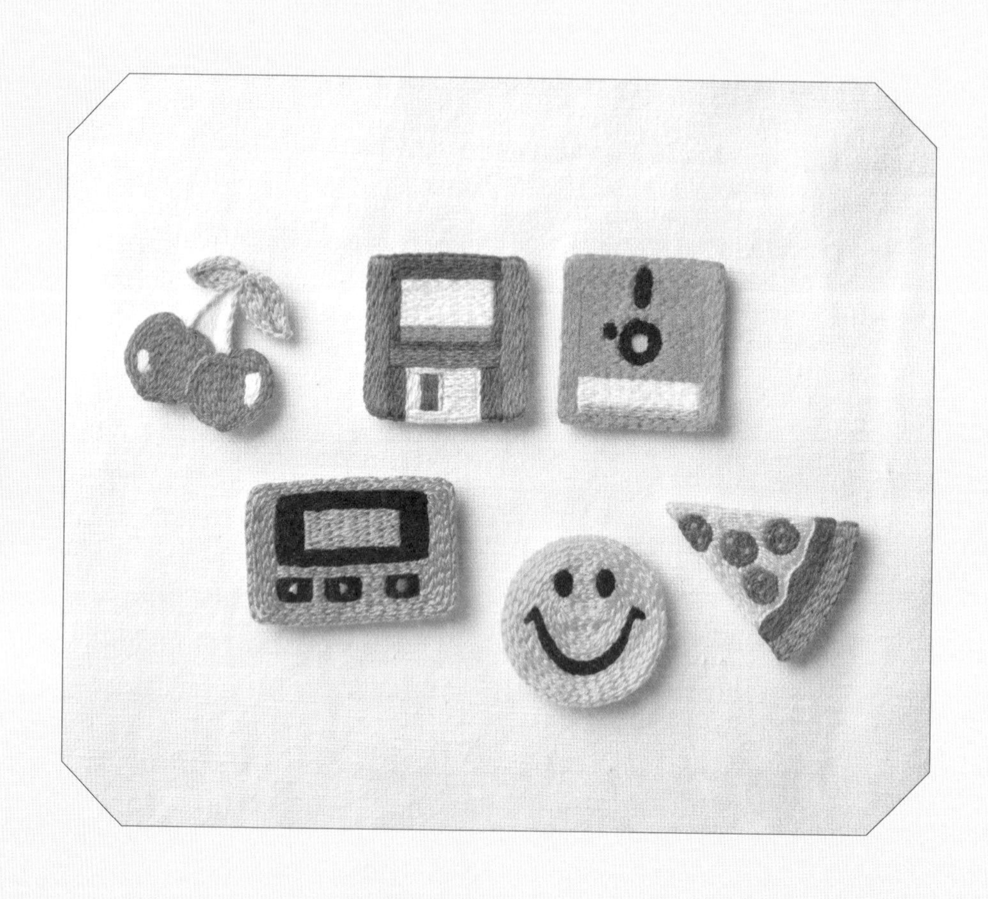

提起懷舊，腦中總會浮現許多色彩鮮明的圖案，以這些圖案為主題製作刺繡。
可以製作成繡片或胸章，或是繡在襪子上突出亮點，
這些可愛的刺繡都擁有多樣化的應用。p.192

選用繡線 DMC 25號繡線：
【藍色磁碟片】517, 762, 803, 893, blanc
【櫻桃】603, 913, 3607, 3850, blanc
【BB.Call】310, 340, 612, 666, 907, 971
【橘色磁碟片】310, 959, 971, blanc
【披薩】321, 347, 721, 745, 3776
【微笑標誌】310, 444

使用技法 輪廓s、緞面s、鎖鏈s、長短針s、直線s、裂線s

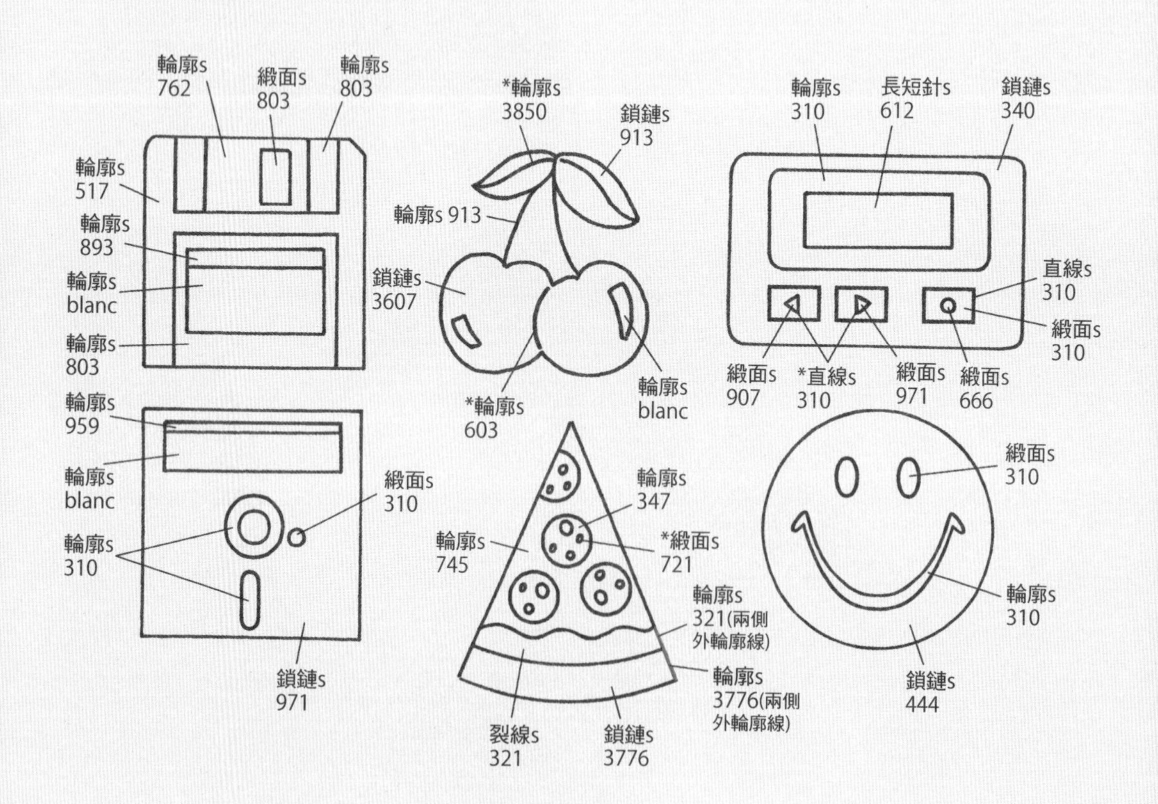

※ 除了指定股數的步驟，其餘皆以2股繡線進行刺繡。
※ 須先繡好底色，再於其上方進行＊記號的步驟。

◆ 藍色磁碟片

刺繡順序

保護蓋▶
保護蓋兩側平面▶
標籤▶
標籤外圍平面▶
磁碟片外殼

- 按照上半部、下半部至外殼依序進行刺繡。首先以803號線做緞面s繡上半部保護蓋中間的小長方形，再以762號線做輪廓s繡保護蓋，並繡兩側的長方平面。
- 下半部先以輪廓s各別繡標籤後，再以803號線填滿標籤外圍的平面。接著以輪廓s繡整體磁片的外殼收尾。

◆ BB.Call

刺繡順序

螢幕▶
螢幕外框▶
按鈕符號▶
按鈕▶
BB.Call機身

- 先以長短針s繡螢幕，再以310號線做輪廓s繡螢幕的外框。
- 以緞面s繡按鈕上的符號後，以直線s繡按鈕的外輪廓線，再以緞面s填滿按鈕底色。按鈕的底色上只有三角形符號的外輪廓線須額外以310號線做直線s。最後以340號線做鎖鏈s繡BB.Call的機身即完成。

◆ 披薩

刺繡順序

義式臘腸▶
起司▶
醬料▶
餅皮

- 以347號線做圓形輪廓s繡義式臘腸後，在臘腸上以721號做緞面s繡紋理。
- 以745號線做輪廓s繡起司兩側與波浪形的外輪廓線後，再均勻填滿底色。
- 以裂線s繡醬汁、再以鎖鏈s繡麵包部分，請參考圖面標示，以相同顏色做輪廓s繡醬汁與麵包的兩側外輪廓線，整理好線後收尾。

◆ 櫻桃

刺繡順序

光澤▶
櫻桃▶
重疊處邊界線▶
果蒂▶
葉子

- 先以blanc號線做輪廓s繡櫻桃上的光澤後，再以圓形鎖鏈s繡櫻桃果實。兩顆櫻桃都完成後，以603號線做輪廓s繡中間重疊處的分界線，區分櫻桃。
- 對準櫻桃凹陷的頂部，以輪廓s繡果蒂。以913號線做鎖鏈s繡好葉子後，在葉面上以3850號線做輪廓s繡葉脈。

◆ 橘色磁碟片

刺繡順序

標籤▶
磁碟片、金屬軸心(310)▶
磁碟片外殼

- 以輪廓s繡好標籤後，分別以310號線做輪廓s及緞面s繡磁碟片部分。接著以971號線做鎖鏈s繡好磁碟片外殼後收尾。

◆ 微笑標誌

刺繡順序

眼睛、嘴巴▶
底色

- 先以緞面s繡眼睛，針法須緊實細密，使眼睛有些微鼓起，再以輪廓s繡嘴巴。接著以鎖鏈s繡笑臉的外輪廓線後，再由外而內填滿底色。

毛邊繡鉤針織片

這是由鉤針編織而成的毛毯為靈感所製作的刺繡作品。
為了表現出針織毛線的質感，主要使用鎖鏈繡進行刺繡。
仔細將邊緣收拾乾淨平整，製作成杯墊使用也很合適。p.192

選用繡線 DMC 25號繡線：
327, 676, 744, 3347

使用技法 鎖鏈s、緞面s、毛邊s

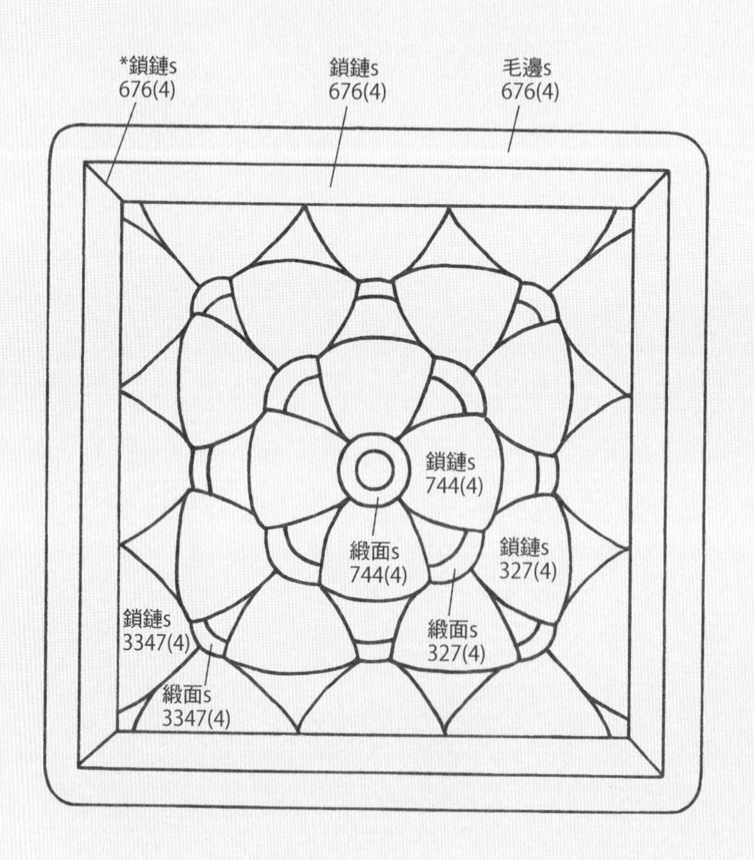

※　須先繡好底色，再於其上方進行 * 記號的步驟。

著手刺繡

刺繡順序

第一層（最內側）▶第二層▶第三層▶第四層▶第五層（最外側）

- 共有五層結構，全部都以4股繡線進行刺繡。
- 由最內側的第一層開始，由內而外刺繡。先以744號線做緞面s，繞圈般繡中央的圓環，再以鎖鏈s繡周圍的花瓣。花瓣部分先以鎖鏈s繡外輪廓線後再填滿平面。第二層也以相同步驟進行刺繡。
- 第三層先以3347號線做緞面s繡環形，再以鎖鏈s繡花瓣兩側的外輪廓線，並均勻填滿平面。
- 第四層先以676號線做鎖鏈s填滿整個外框底色，再於底色上的角落部分繡斜線。
- 第五層以約1mm為間隔做毛邊s，繡好外框即完成。

22

鋼筆與明信片

FOUNTAIN PENS & POSTCARDS

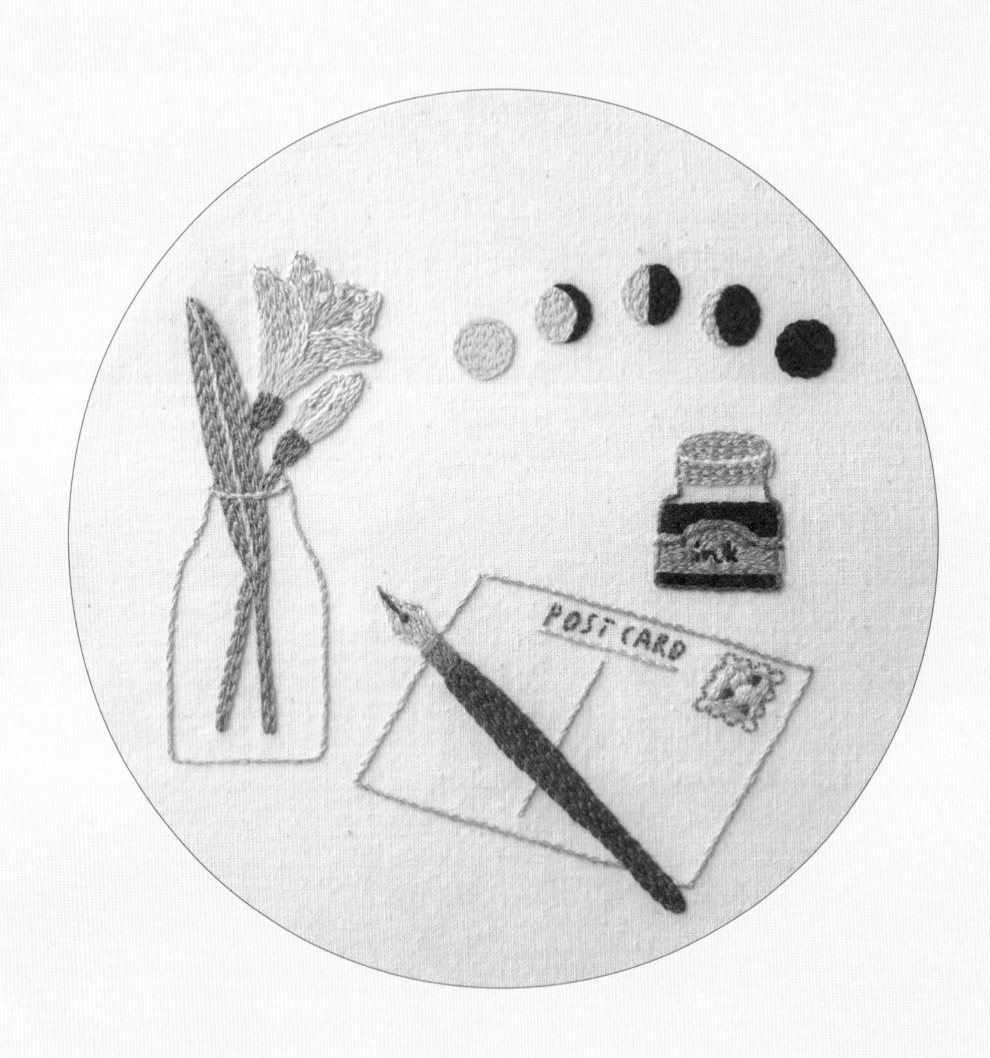

電子通訊產品便利快捷固然很好，但偶爾也會有感性念舊的時候。
在萬物都陷入沉睡的靜謐清晨，給想念的老朋友寫封信，以刺繡紀錄這寧靜的一刻。

POST CARD
Greetings from
THIS SPACE FOR WRITING MESSAGES
Come again
DOROTHY H. KIRSCH
LAWRENCE, MASS.

選用繡線 DMC 25號繡線：
03, 310, 318, 413, 414, 415, 519, 642, 722, 725, 726, 730, 754, 918, 3012, 3348, 3721, 3766, 3799, 3818, 3824, ecru, blanc

使用技法 輪廓s、法式結粒s、鎖鏈s、裂線s、回針s、緞面s

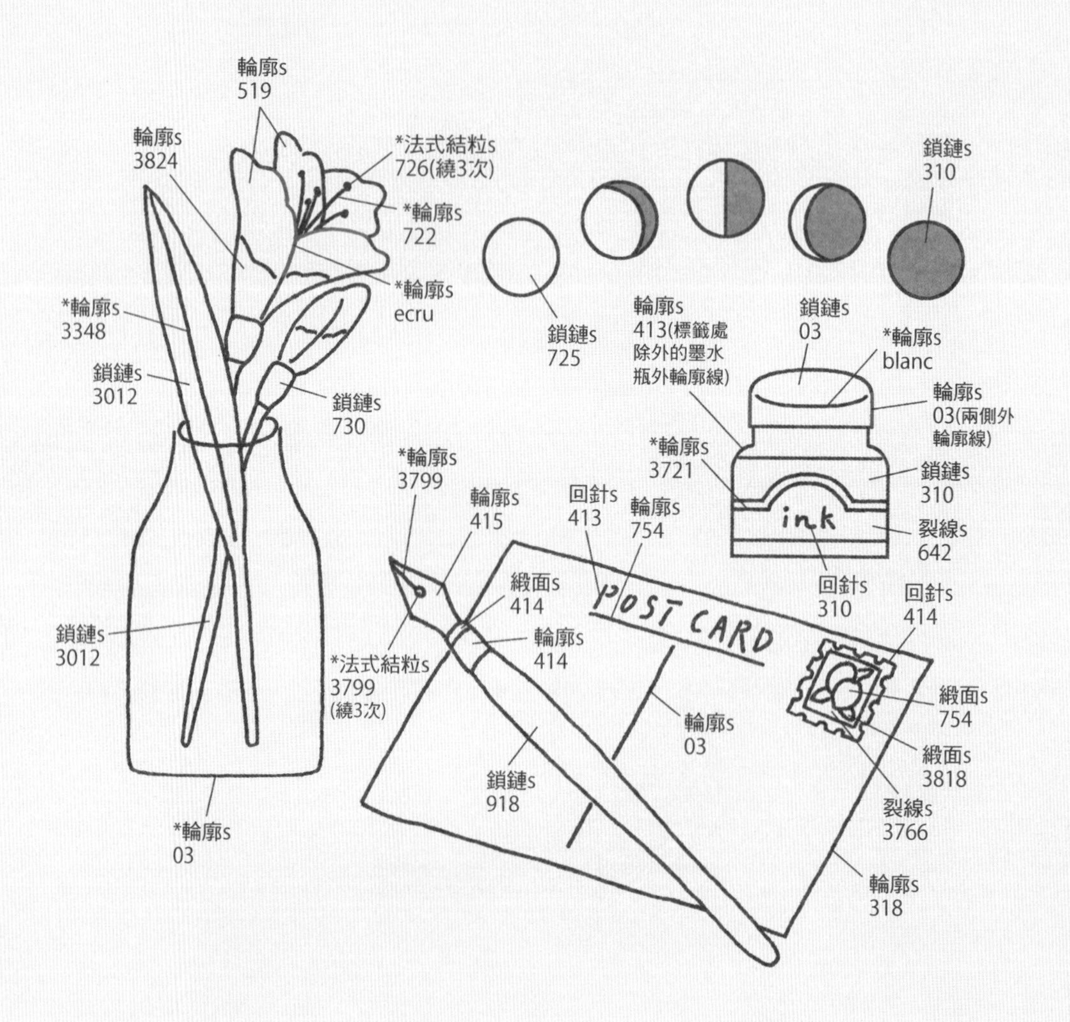

※ 除了指定股數的步驟，其餘皆以2股繡線進行刺繡。
※ 須先繡好底色，再於其上方進行＊記號的步驟。

著手刺繡　依照花瓶、鋼筆、明信片、墨水、月亮的順序進行刺繡。

◆ 花瓶

刺繡順序

花瓣▶
花蕊▶
花托、花莖▶
葉子▶
玻璃瓶

- 用519,3824號線做輪廓s，並自然連接繡出花瓣。再以519號線繡好內側的花瓣後，依照圖面上標示的花瓣重疊處，以ecru號線做輪廓s繡交界線。
- 以輪廓s繡花蕊，再以法式結粒s繡花蕊頂部。
- 分別繡好花托與花莖。接著以鎖鏈s繡葉片，在葉片上以3348號線做輪廓s繡葉脈。最後以輪廓s繡玻璃瓶的瓶口及瓶身。

◆ 墨水

刺繡順序

英文字樣▶
標籤▶
瓶身外輪廓線▶
墨水▶
瓶蓋

- 以短針腳的回針s繡英文字樣，並以642號線做裂線s繡標籤的外輪廓線，接著填滿標籤底色。在底色上以3721號線做輪廓s繡上緣的重點線條。
- 在標籤上、下兩端的墨水瓶外輪廓線部分，以413號線做輪廓s進行刺繡，並以310號線填滿墨水。
- 繡好瓶蓋的頂部與側面，唯圖面標示的兩側外輪廓線，須再做一次短的輪廓s。瓶蓋上以blanc號線做輪廓s繡內部的線條，區分瓶蓋頂部與側面。

◆ 鋼筆與明信片

刺繡順序

鋼筆筆尖▶
筆握▶
筆桿▶
英文字樣、底線▶
郵票▶
明信片外輪廓線、中央線條

- 以輪廓s繡筆尖，在筆尖上以3799號線繡中央的線條。最後以法式結粒s繡線條末端的點。
- 先以414號線做輪廓s繡筆握處較寬大的面，再以緞面s繡狹小的面，此時須稍微涵蓋兩端的筆尖與筆握，包裹住兩側末端。接著以鎖鏈s繡鋼筆筆桿。
- 以短針腳的回針s細密地繡英文字樣。製作字樣時，像「P」一樣筆畫之間有相連的部分，可留下些許縫隙增加插畫感。接著繡好字樣的底線。
- 以緞面s繡郵票的花苞及葉子，並填滿底色。以細緻的回針s繡郵票的外框線，接著繡明信片的外輪廓線及中央的分隔線。

◆ 月亮

刺繡順序

左側（滿月）▶
右側（月蝕）

- 根據月亮形狀的變化，由左至右進行刺繡。從月亮較寬大的面開始，以鎖鏈s繡好外輪廓線後再逐一填滿底色。

23 花瓶與一盞茶

A VASE & A CUP OF TEA

以回憶中的柳橙汁玻璃瓶為靈感來刺繡，

印象中這個瓶子也總會用來裝上一壺冰冰涼涼的麥茶。

玻璃瓶裡插著一束橙黃的鮮花，配上可愛的鴨子馬克杯，是一幅明亮輕快的圖樣。

選用繡線 DMC 25號繡線：
04, 310, 318, 349, 351, 413, 415, 470, 519, 666, 701, 702, 704, 722, 726, 730, 741, 909, 918, 971, 972, 3348, 3779, 3825, ecru

使用技法 輪廓s、法式結粒s、雙重雛菊s、鎖鏈s、緞面s、回針s、直線s

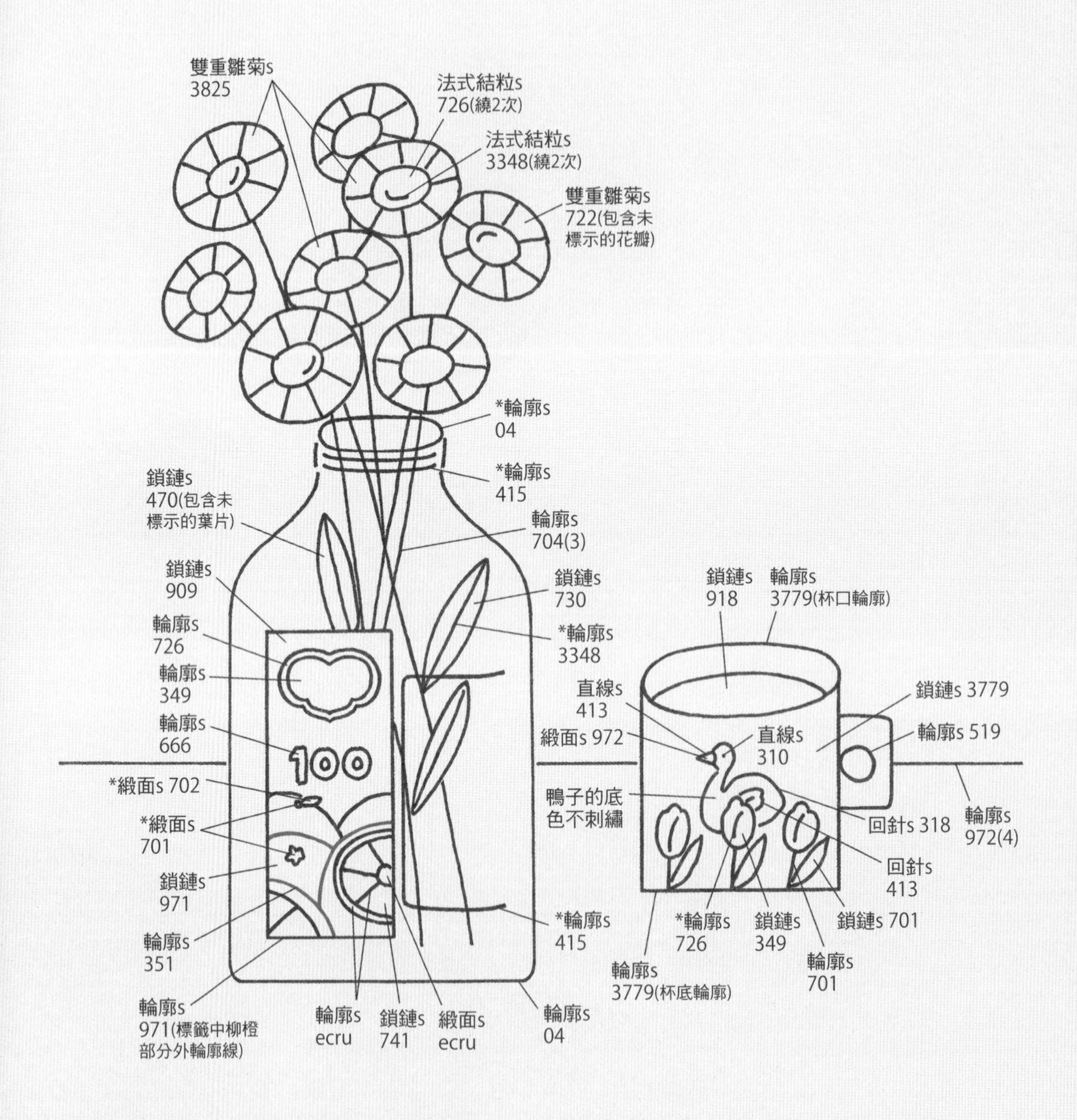

※ 除了指定股數的步驟，其餘皆以2股繡線進行刺繡。

※ 須先繡好底色，再於其上方進行＊記號的步驟。

※ 鴨子的底色無須刺繡，保持鏤空。

著手刺繡　　依照花瓶、馬克杯、背景的順序刺繡。

◆ 花瓶

刺繡順序

花瓣▶
花蕊▶
花莖▶
葉子▶
標籤上商標、數字▶
標籤底色▶
標籤上柳橙▶
玻璃瓶

- 分別以722,3825號線繡花瓣，按照圖面標示，先以花蕊為中心做雙重雛菊s後，再均勻地填滿花瓣與花瓣之間剩餘的空間。
- 花蕊部分，先沿著外輪廓線做法式結粒s後，再細密地填滿裡面。製作時，花蕊中同時有兩種顏色的部分，須由3348號線開始刺繡。
- 以3股704號線繡好花莖，再分別以470,730兩種顏色做鎖鏈s繡葉片，並在葉面上以輪廓s繡葉脈。
- 繡標籤上的商標與數字，接著以909號線做鎖鏈s繡標籤上半部的外輪廓線，以及商標的外緣，再填滿商標上半部底色。
- 以鎖鏈s繡柳橙，並在柳橙上繡果蒂。接著按照圖面標示的線條，以351號線做輪廓s區分出柳橙的面。以ecru號線做輪廓s繡柳橙的橫切面以及內部的果肉瓣，接著再填滿每瓣果肉。
- 標籤上的柳橙部分，以971號線做輪廓s繡外輪廓線，仔細對齊整張標籤的邊緣，使其呈現平整的一直線。
- 以輪廓s繡玻璃瓶的瓶口與標籤旁的把手位置後，再繡整個瓶身。

◆ 馬克杯、背景

刺繡順序

鴨子▶
花、莖、葉▶
杯身、把手▶
杯子內容物

- 以短針腳的回針s繡鴨子軀幹與翅膀的外輪廓線，並以短短的直線s繡鴨嘴的外輪廓線後，再填滿內部。接著以短小的直線s繡眼睛。
- 繡好花朵的底色後，在花朵上以726號線做輪廓s繡內部線條。接著繡花莖與葉片。
- 以鎖鏈s繡好杯身後，唯獨杯口及底部的外輪廓線以輪廓s刺繡。接著以輪廓s繡把手處的圓形線條後，用鎖鏈s填滿把手。接著繡杯中的內容物。
- 花瓶與馬克杯全部完成後，再以4股972號線做輪廓s繡背景的線條。

新復古風

24

NEWTRO SENSIBILITY

在相同空間裡同時有著風格優雅的木製鏡臺與現代化的氛圍，
是一幅呈現新復古風的刺繡作品。
由鏡臺的裝飾紋樣著手，按部就班地繡出清新俐落的作品。

選用繡線 DMC 25號繡線：
03, 04, 352, 413, 469, 470, 554, 612, 648, 699, 783, 792, 839, 918, 938, 3012, 3818, 3862

使用技法 輪廓s、鎖鏈s、緞面s、裂線s、直線s、雛菊s

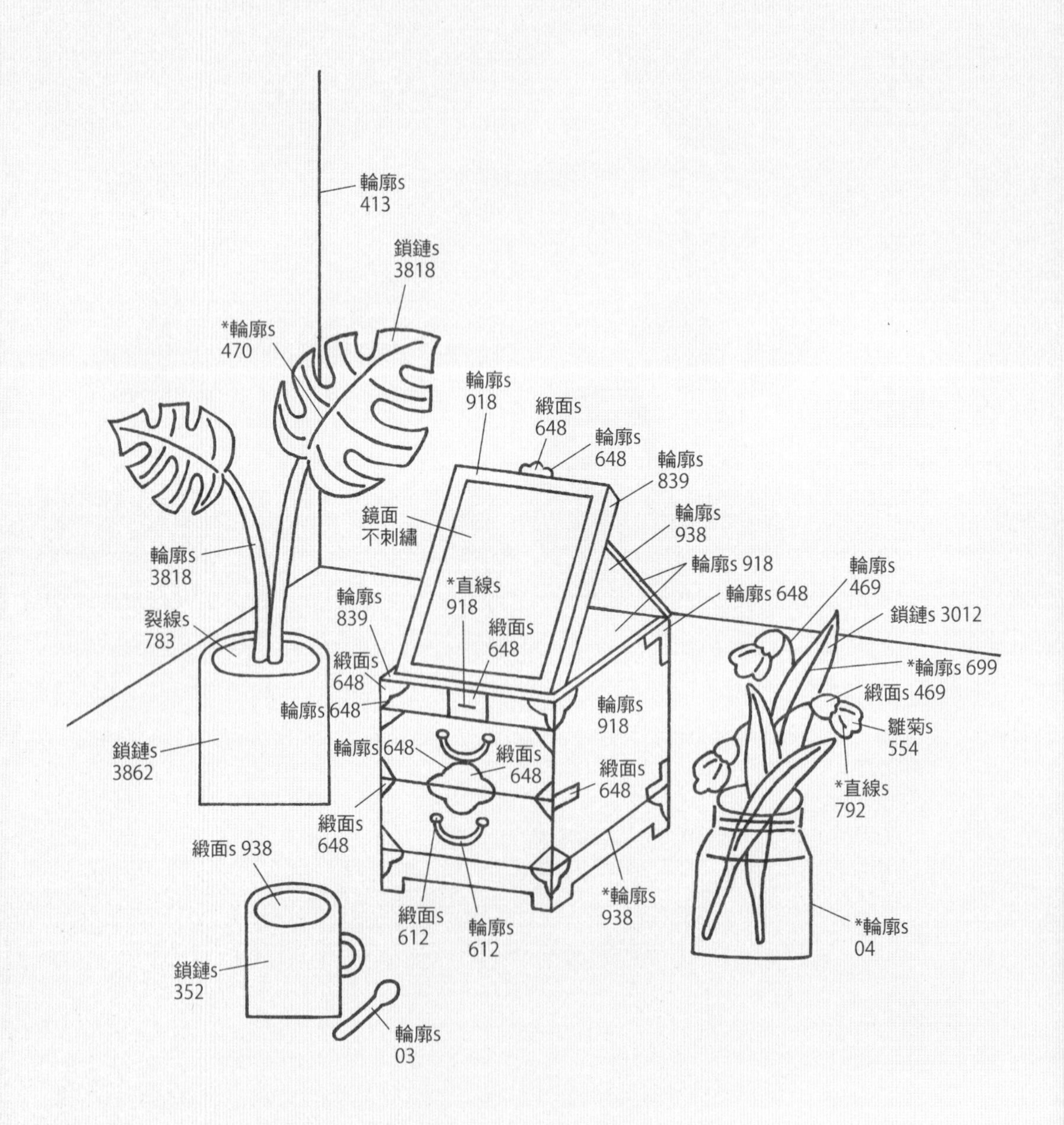

※ 除了指定股數的步驟，其餘皆以2股繡線進行刺繡。

※ 須先繡好底色，再於其上方進行 * 記號的步驟。

※ 鏡面無須刺繡，保持鏤空。

著手刺繡 依照鏡臺、花瓶、盆栽、杯子、背景的順序刺繡。

◆ 鏡臺

刺繡順序

鏡框(鏡面不刺繡)▶
抽屜頂部、鏡子後支撐架▶
抽屜紋樣、把手▶
抽屜底色▶
抽屜邊角、內部邊線

- 看起來雖然有點複雜，實際上重複步驟很多，並不困難。先以918號線做輪廓s繡鏡框正面，以839號線繡鏡框側面，接著依序繡鏡框上方裝飾片的外輪廓線與平面。
- 以839號線繡抽屜頂部薄薄的外框，並以918號線做輪廓s繡抽屜頂部。接著繡鏡子後方的支撐架。
- 以648號線繡抽屜所有的紋樣，再以612號線繡把手。曲線狀的紋樣部分先以輪廓s繡紋樣的外輪廓線。「ㄱ」字型的紋樣以輪廓s刺繡，三角形、四邊形的紋樣做緞面s。
- 以918號線做輪廓s繡抽屜本身的外輪廓線後，再填滿底色。此時若能夠稍微預留出內部線條的空間，可以更容易掌握線條的位置。在底色上以938號線做輪廓s繡內部線條，區分抽屜的平面。

◆ 花瓶

刺繡順序

花朵▶
花托、花莖▶
葉子▶
玻璃瓶

- 將花瓣分成三個面，重複進行多次雛菊s，在花瓣上以792號線做直線s繡內部線條。接著繡花托及花莖，以鎖鏈s填滿葉片底色後，以輪廓s繡葉脈。
- 以輪廓s在葉片上繡玻璃瓶的瓶口，再繡瓶身。

◆ 盆栽

刺繡順序

葉子▶
莖▶
土壤▶
盆器

- 先以3818號線做鎖鏈s繡葉片的外輪廓線後，分區填滿葉片，並在葉面上以470號線做輪廓s繡葉脈。接著用與葉片相同的顏色繡植物莖幹。
- 以圓形裂線s繡土壤，再以鎖鏈s繡盆口及盆器的外輪廓線後，填滿盆栽。

◆ 杯子、背景

刺繡順序

杯口▶
杯身、把手▶
內容物▶
茶匙

- 以圓形鎖鏈s繡馬克杯的杯口，再繡杯身與把手，接著以圓形緞面s繡杯子裡的內容物，再依序繡茶匙的外輪廓線及裡面。
- 最後以413號線做輪廓s繡好背景即完成。

25

日曆與蠟燭

CALENDAR & CANDLE

需要一頁一頁手撕的老日曆、點燃的蠟燭與火柴。
這幅刺繡將這些滿是復古情懷的老物品呈現在同一個空間裡。
將完成的刺繡裝上畫框，當作具有懷舊氣氛的裝飾吧。

april
17

選用繡線 DMC 25號繡線：
03, 04, 210, 211, 221, 310, 312, 317, 318, 352, 414, 415, 435, 437, 470, 553, 612, 700, 702, 704, 721, 745, 778, 817, 971, 987, 3727, 3825, 3862, blanc

使用技法 輪廓s、鎖鏈s、法式結粒s、緞面s、直線s、雙重雛菊s、回針s

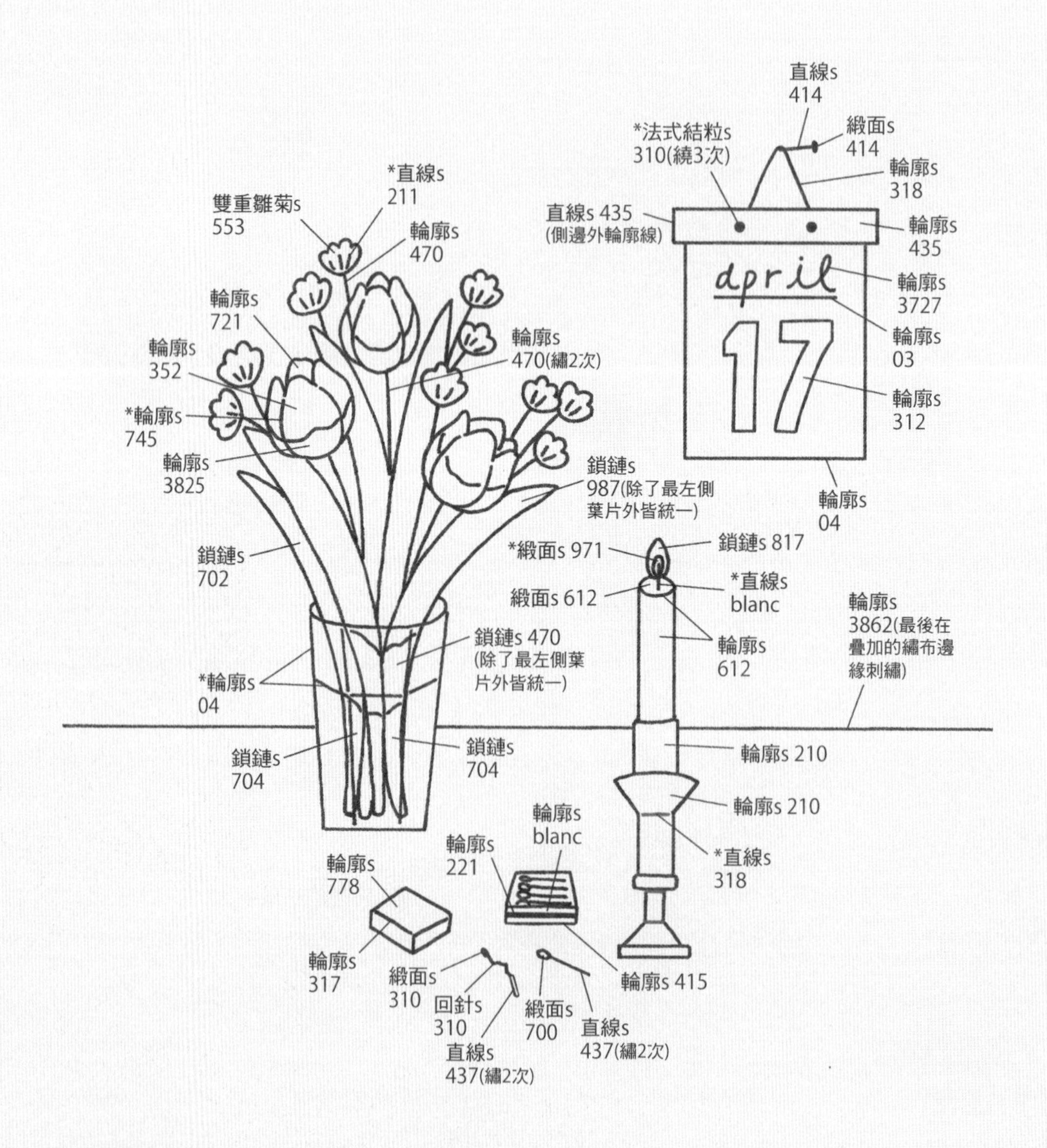

※　參考p.142，準備兩種不同顏色的繡布重疊縫合後，再開始刺繡。
※　除了指定股數的步驟，其餘皆以2股繡線進行刺繡。
※　須先繡好底色，再於其上方進行＊記號的步驟。

著手刺繡　　依照花瓶、日曆、蠟燭、火柴、桌面的順序刺繡。

◆ 花瓶

刺繡順序

大花▶
小花▶
花莖▶
葉子▶
花瓶

- 將兩種顏色的繡線以輪廓s自然連接繡好大花外層花瓣後，在花瓣上以745號線繡分界線，區分花瓣。接著以721號線做輪廓s繡內層花瓣。
- 小花部分，以553號線沿著曲線分區做雛菊s繡花瓣，再於花瓣上以211號線進行直線s。
- 以470號線重複做2次的輪廓s繡大花花莖，小花花莖則只做1次刺繡。
- 以702,704號線分別繡最左側葉片的兩個面，其餘葉片皆以987,470,704號線刺繡。葉片上不同顏色相連的部分，皆以相同方向的鎖鏈s連接過渡。
- 待葉片都完成後，以輪廓s重疊在葉片上繡花瓶。

◆ 日曆

刺繡順序

數字、英文字樣、底線▶
日曆外輪廓線▶
頂端木質部分▶
線繩▶
釘子

- 以短針腳的輪廓s繡數字與英文字樣，再繡底線。接著繡日曆的外輪廓線。
- 以橫向刺繡繡頂部的木質部分，唯獨兩側的外輪廓線以直線s刺繡。最後再以法式結粒s繡螺絲。
- 以輪廓s繡出懸吊用的線繩，並對齊線繩的位置繡釘子及釘頭。

◆ 蠟燭

刺繡順序

燭火▶
蠟燭▶
燭芯▶
燭臺

- 以817號線做鎖鏈s繡燭火外層後，在其上方以971號線做緞面s繡內層。
- 以緞面s繡蠟燭的頂部，再以輪廓s繡蠟燭的外輪廓線後，繡好燭身。接著以blanc號線做直線s重疊在燭火與蠟燭頂部之上，繡出燭芯。
- 分別繡好燭臺的每一節平面之後，以318號線做直線s繡每節收束起來的連接處。

◆ 火柴、火柴盒

刺繡順序

火柴、燒完的火柴▶
火柴盒內的火柴▶
火柴盒▶
火柴盒外殼

- 先繡火柴頭，再以2次直線s繡木籤。燒完的火柴部分先繡火柴頭，以短針腳的回針s表現出燃燒後的扭曲模樣，再繡殘餘的木籤。
- 先繡好火柴盒內剩餘的火柴，接著以輪廓s分別繡火柴盒的外輪廓線與側邊的粗線條，再以blanc繡其餘的平面。
- 以輪廓s繡好火柴盒外殼的外輪廓線與平面後，再以317號線繡邊線區分每個平面。

◆ 桌面

- 完成所有刺繡後，刺繡覆蓋住繡布折疊的部分，盡可能在桌面繡布的邊緣做輪廓s收尾。

刺繡準備　　將兩種不同顏色的繡布重疊縫合再進行刺繡，開始刺繡前請先按照下列步驟準備繡布。

1. 準備牆面（淺色）與桌面（深色）的兩塊繡布。桌面繡布的大小為牆面繡布的一半。

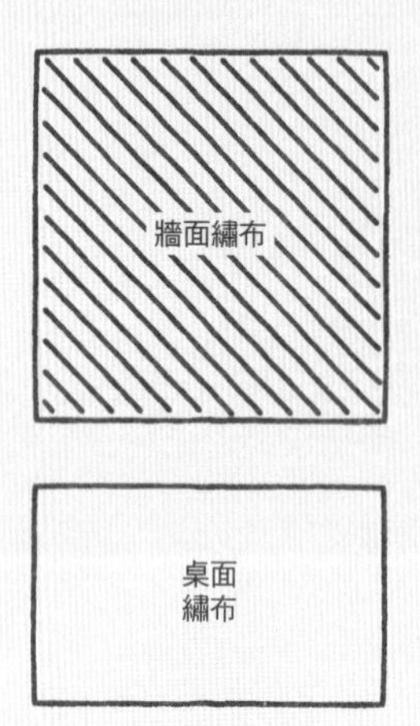

2. 在桌面繡布的一側摺疊出1cm寬的縫份，沿線摺疊後熨燙出折線。

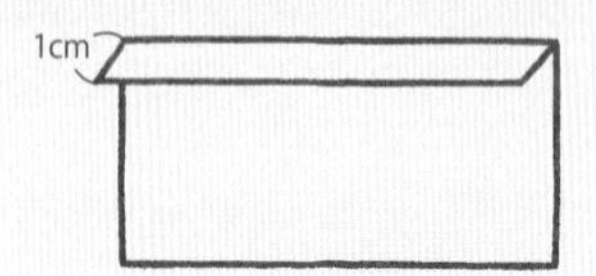

3. 將桌面繡布翻轉後，把桌面繡布上下倒置於牆面繡布一半的位置上，接著以別針固定繡布。

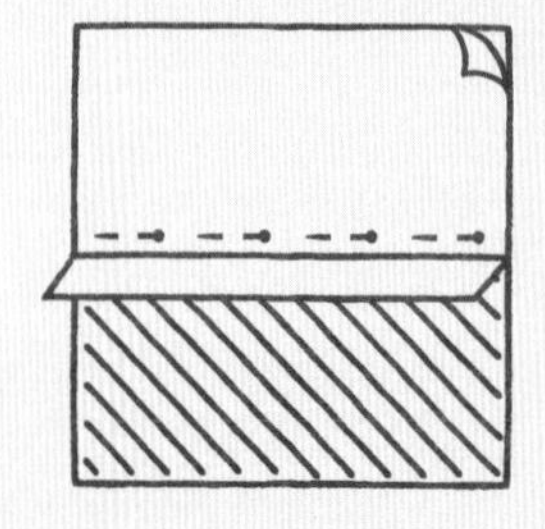

4. 沿著折線將繡布以平針縫縫合。

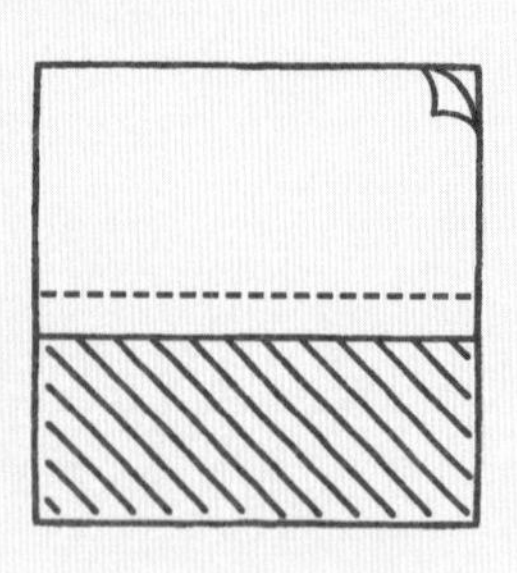

5. 繡布固定後，將桌面繡布沿折線摺疊下來，熨燙平整。

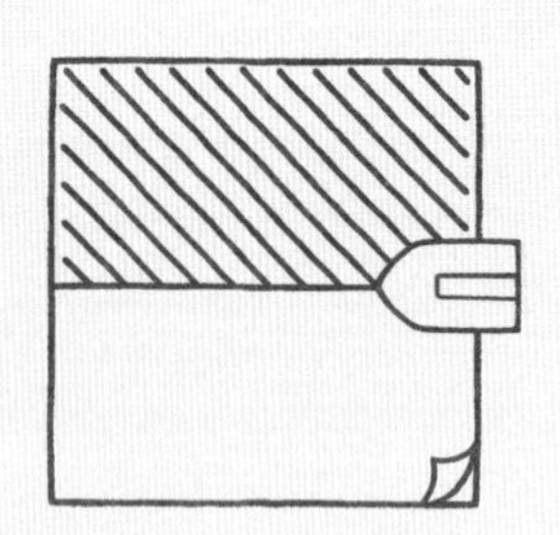

17

26 書桌

DESK

這是以80、90年代的書桌為靈感的刺繡作品。
小小的木質書架上放著或厚或薄的書籍，原色的檯燈、還有牆上貼著的生活作息表。
即使是不曾經歷的世代也能朦朧感受到那個年代的氣息，一起感受那氛圍來刺繡吧。

closed →

選用繡線 DMC 25號繡線：
03, 310, 317, 340, 413, 415, 435, 437, 519, 666, 676, 701, 721, 725, 762, 783, 792, 826, 959, 3765, 3776, 3825, 3856, ecru

使用技法 輪廓s、鎖鏈s、裂線s、直線s、緞面s、回針s

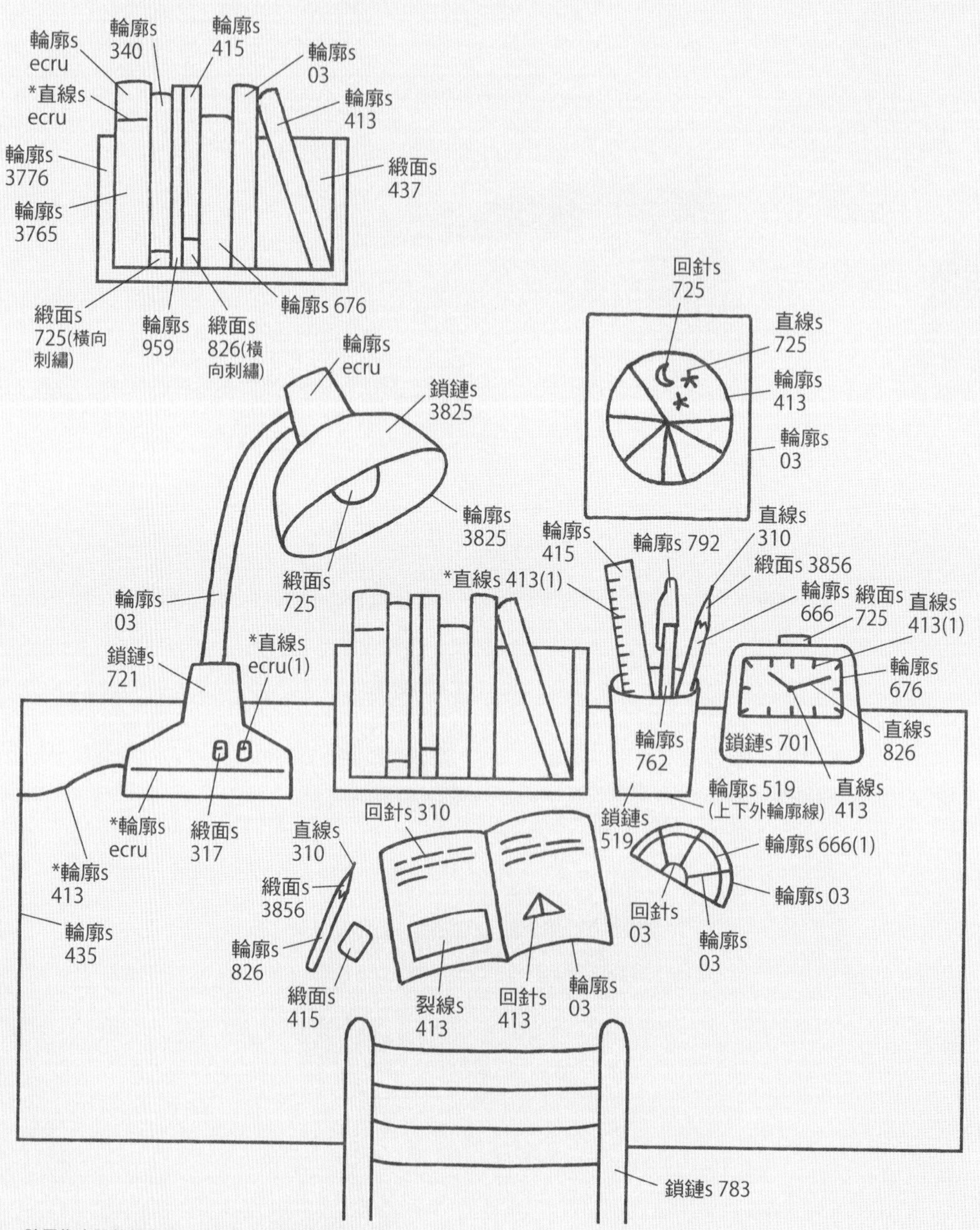

※ 除了指定股數的步驟，其餘皆以2股繡線進行刺繡。

※ 須先繡好底色，再於其上方進行＊記號的步驟。

著手刺繡

刺繡順序

檯燈▶書籍、書架▶直尺、原子筆、鉛筆、筆筒▶鬧鐘▶
翻開的書、鉛筆、橡皮擦、量角器▶椅子、書桌▶檯燈電線▶生活作息表

◆ 檯燈

- 依序繡燈罩、燈臂與底座。先以3825號線做輪廓s繡燈罩的橢圓形外輪廓線後，逐一繡好燈罩與燈泡，燈罩內側平面不刺繡。接著以輪廓s繡燈臂。
- 以317號線做緞面s繡按鈕，在按鈕上以1股ecru號線進行直線s。接著以鎖鏈s繡底座，在底座上以輪廓s區分每個平面。等書桌刺繡完畢後，在書桌上以輪廓s繡電線。

◆ 筆筒

- 先繡好直尺的底色，在其上方以1股413號線做直線s繡直尺的刻度。以輪廓s繡原子筆的筆蓋後再繡筆桿。鉛筆先分別繡出木質筆頭與筆桿部分，再以短的直線s繡筆芯。
- 以輪廓s繡筆筒杯口，並稍微包覆住直尺、原子筆及鉛筆的末端，不露出尾部。接著再以鎖鏈s繡筆筒本身後，以輪廓s繡底部的外輪廓線。

◆ 翻開的書、鉛筆、橡皮擦、量角器

- 以輪廓s繡翻開的書籍外輪廓線，再以回針s分別繡書頁上緣的字句，以及下緣的圖表。
- 逐一繡好鉛筆的木質筆頭與筆桿，再以短短的直線s繡鉛筆芯。接著以緞面s繡一旁的橡皮擦。
- 以輪廓s繡量角器半圓形的外輪廓線後，以1股666號線繡內部的半圓形弧線。接著繡底部小的半圓與三條刻度線。

◆ 書架

- 由最左側的書籍開始依序刺繡。以輪廓s繡書背較長的平面，再以橫向的緞面s繡下緣較短的平面，並仔細覆蓋，不要露出上半部平面的末端。接著以3776號線做輪廓s繡書架，以437號線做緞面s繡書架內側平面。

◆ 鬧鐘

- 以676號線做輪廓s繡好鬧鐘內部的輪廓線後，分別以直線s繡時間刻度、時針與分針。接著以鎖鏈s繡鬧鐘本身，再以緞面s繡鬧鐘按鈕。

◆ 椅子、書桌

- 繡好桌面上的所有物品後，以鎖鏈s繡椅子，再以輪廓s繡書桌的外輪廓線。接著在書桌的外輪廓線上，重疊繡出檯燈的電線。

◆ 生活作息表

- 以413號線做輪廓s繡圓餅圖外輪廓線與時段的分界線後，分別繡好月亮及星星。接著以輪廓s繡紙張的外輪廓線即完成。

27

韓文文字設計

HANGEUL TYPOGRAPHY

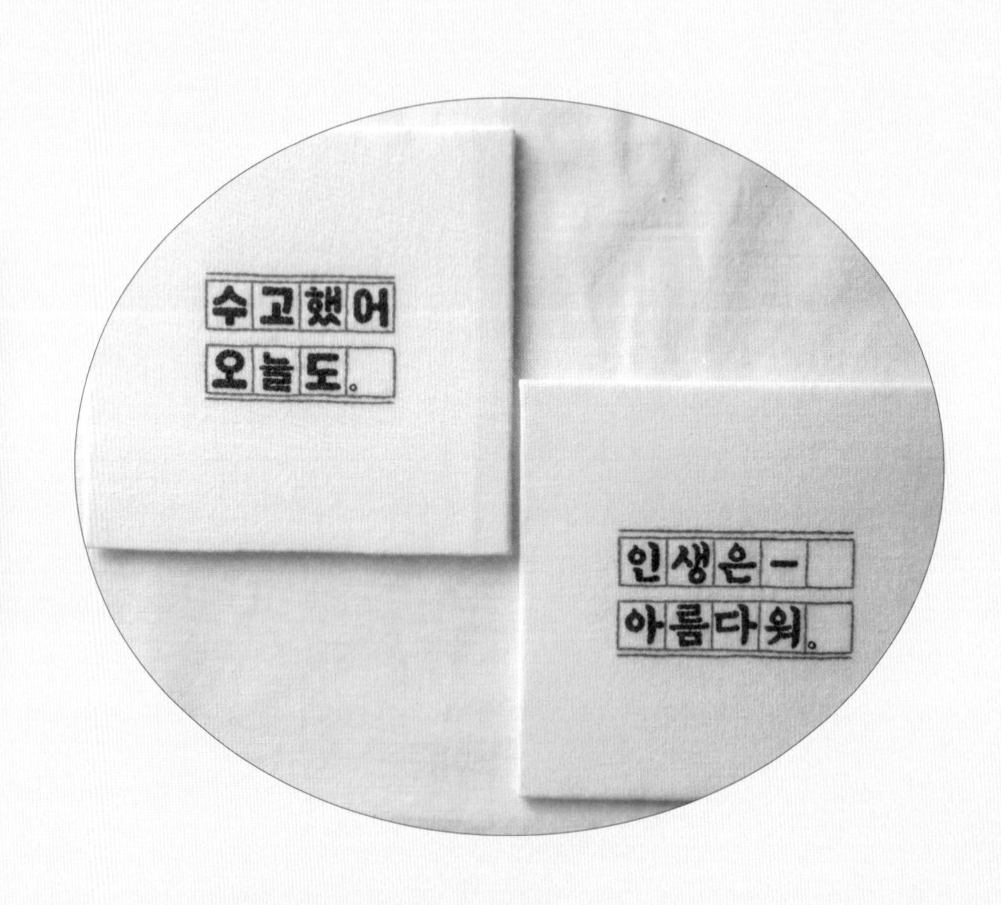

在稿紙的紅色格線中，整齊書寫著手寫韓文字樣的刺繡作品。
平整地繡出積極正向的訊息，製作成迷你畫框，裝飾在書桌的一隅吧。

인생은 -
아름다워.
수고했어
오늘도.

選用繡線 DMC 25號繡線：
310, 347

使用技法 回針s、輪廓s

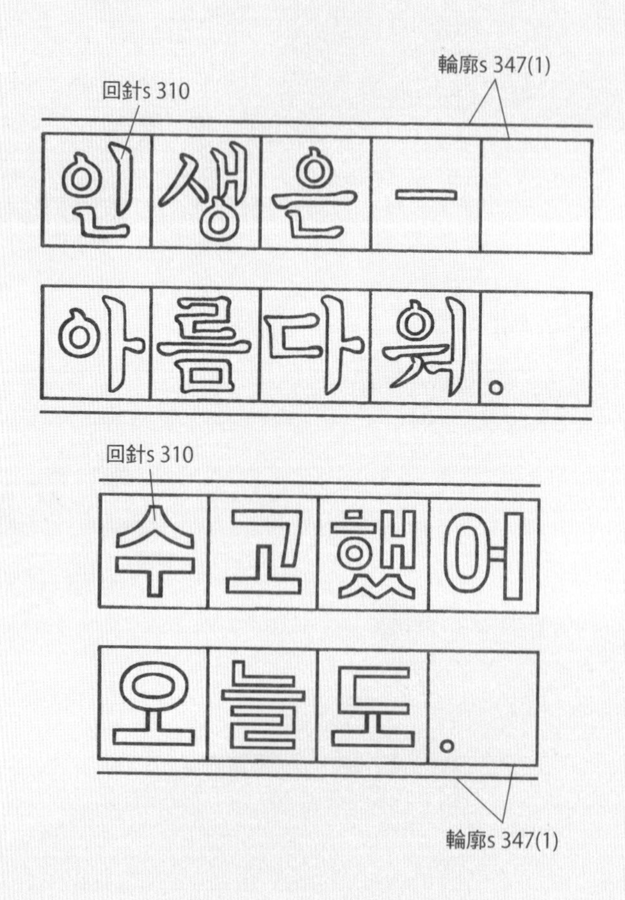

※ 除了指定股數的步驟，其餘皆以2股繡線進行刺繡。
※ 第一句韓文為「生活是美好的。」
※ 第二句韓文為「今天也辛苦了。」

刺繡順序

文字▶ 稿紙格子外輪廓線

- 刺繡明朝體字樣，須將筆畫末端些微突出的部分細緻地表現出來，黑體字樣要留意保持線體粗細一致，仔細地刺繡尤為重要。
- 先以短針腳的回針s仔細地繡文字的外輪廓線，再填滿裡面。句號只須繡外輪廓線。
- 以1股347號線做輪廓s繡稿紙格子的外輪廓線。

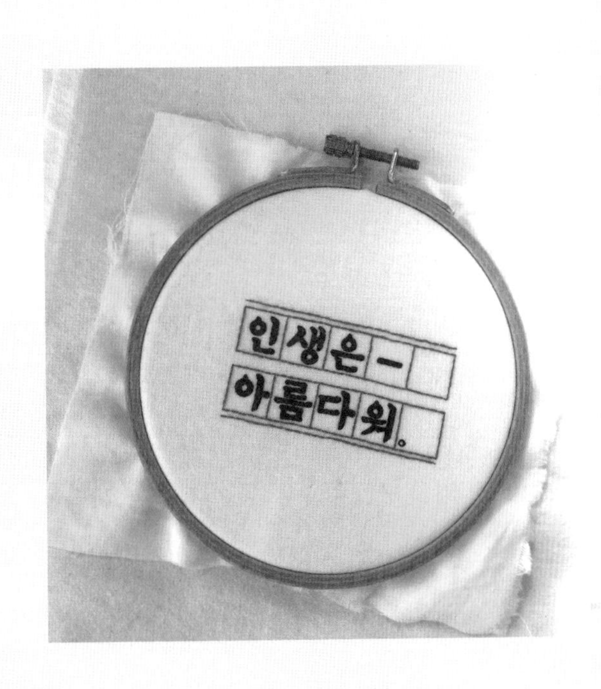

28

英文文字設計

ENGLISH TYPOGRAPHY

這是使用了多種色彩的立體英文字樣圖案。
應用的技法單純，可以輕鬆刺繡。將積極正向的訊息製作成畫框，作為牆面裝飾吧。

LOVE
YOUR
SELF

選用繡線 DMC 25號繡線：
550, 726, 899

使用技法 鎖鏈s、輪廓s

※ 除了指定股數的步驟，其餘皆以2股繡線進行刺繡。

著手刺繡

刺繡順序

正面▶左側側面▶底部、內部側面

- 依照刺繡的順序，逐一於每個字進行刺繡。
- 先繡好每個平面的外輪廓線後，再平整細密地填滿底色，不留縫隙。
- 各個平面共分為三種顏色，正面為726號線的鎖鏈s，左側為899號線的輪廓s，其餘的底部與內部側面，使用550號線的輪廓s進行刺繡。

29

電視與螺鈿櫥櫃

TELEVISION & MOTHER-OF-PEARL

這是有著高雅螺鈿裝飾的櫥櫃與紅色面板電視機的刺繡作品。
感覺彷彿只要轉動開關旋鈕，就會出現黑白的電視畫面。
螺鈿櫥櫃看起來有些繁複，但多半以重複的技法構成，並不困難。
按部就班地刺繡，慢慢完成作品吧。

139
wholly engrossed by her.
and remarkable. At
ladies, by not
CHAPTER 25
be admired
2 3
7 8 9 10
12 13 14 15 16 17
18 19 20 21 22 23 24
25 26 27 28 29 30

選用繡線 DMC 25號繡線：
03, 310, 413, 415, 434, 642, 648, 700, 760, 762, 817, 842, 3022, 3350, 3731, 3818

使用技法 輪廓s、鎖鏈s、裂線s、緞面s、雙重雛菊s、直線s

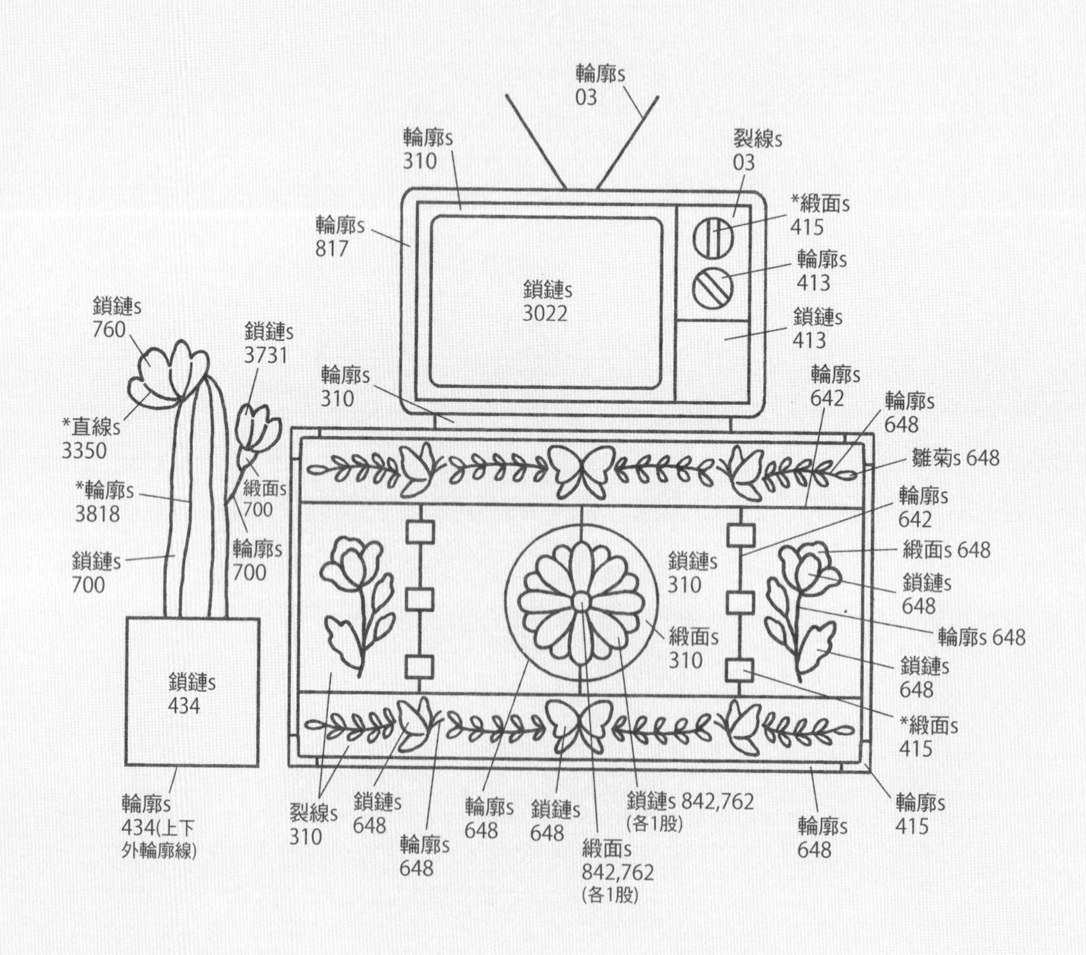

※ 除了指定股數的步驟，其餘皆以2股繡線進行刺繡。
※ 須先繡好底色，再於其上方進行＊記號的步驟。

著手刺繡　　依照電視機、螺鈿櫥櫃、仙人掌的順序刺繡。

◆ 電視機

刺繡順序

螢幕▶ 螢幕外框▶ 旋鈕▶ 旋鈕面板▶ 電視機外殼▶ 底座、天線

- 先以鎖鏈s繡螢幕，再以310號線做輪廓s繡螢幕周圍的外框。接著以413號線做輪廓s繡旋鈕的圓形底面，在底面上以415號線做緞面s繡把手。接下來分別繡好旋鈕面板與面板下方的平面。
- 分別以輪廓s依序繡電視機的外殼、底座及天線。

◆ 仙人掌

刺繡順序

仙人掌本體▶ 花朵▶ 花托、花莖▶ 花盆

- 先繡仙人掌的本體後，在仙人掌上以3818號線做輪廓s繡葉脈，區分平面。
- 分別以鎖鏈s繡好大花及小花後，以3350號線做直線s繡花瓣的分界線，接著繡花托及花莖。
- 以豎向的鎖鏈s繡花盆，唯上下側的外輪廓線以輪廓s刺繡。

◆ 螺鈿櫥櫃

刺繡順序

中央大花▶ 兩側小花▶ 上下側蝴蝶、草葉▶ 櫃門外輪廓線（櫃體內部直線）▶ 合頁▶ 圓形外輪廓線▶ 櫃體底色▶ 櫃體外框

- 先繡好所有的螺鈿紋樣。將842,762號線各取1股，穿針後用來繡中間的大花朵，以緞面s繡花蕊，再以鎖鏈s繡花瓣。
- 除了大花朵以外，所有紋樣皆以648號線刺繡。兩側小花紋樣部分，先以鎖鏈s繡三片花瓣，再以緞面s繡花瓣裡面。接著分別繡花莖與葉片。
- 繡好蝴蝶紋樣後，在蝴蝶之間依序繡出植物的莖與葉片。
- 以642號線繡好櫃門的外輪廓線（櫃體內部的直線）後，在直線上以415號線做緞面s繡合頁。接著以648號線做輪廓s繡大花紋樣周圍的圓形外輪廓線。
- 螺鈿櫥櫃的底色皆以310號線刺繡。先以緞面s填滿大花周圍的圓形面積，再以鎖鏈s繡內側櫃門，接著以裂線s細密填滿其餘櫃體的底色。以輪廓s繡櫃體最外層薄薄的外框即完成。

懷舊四季LOGO

RETRO FOUR SEASONS LOGO

這是描繪了四季風貌的復古LOGO刺繡。
每個季節都選用與當季相符的兩種色彩來刺繡，看似單調，卻表現出了獨特的氛圍。
完成刺繡後將邊緣修飾平整，活用製作成胸章也很好看。p.192

Summer
Fall
winter
Spring

選用繡線　DMC 25號繡線：
【春】210, 553
【夏】517, 3750
【秋】347, 817
【冬】317, 3799

使用技法　回針s、輪廓s、法式結粒s、直線s、緞面s

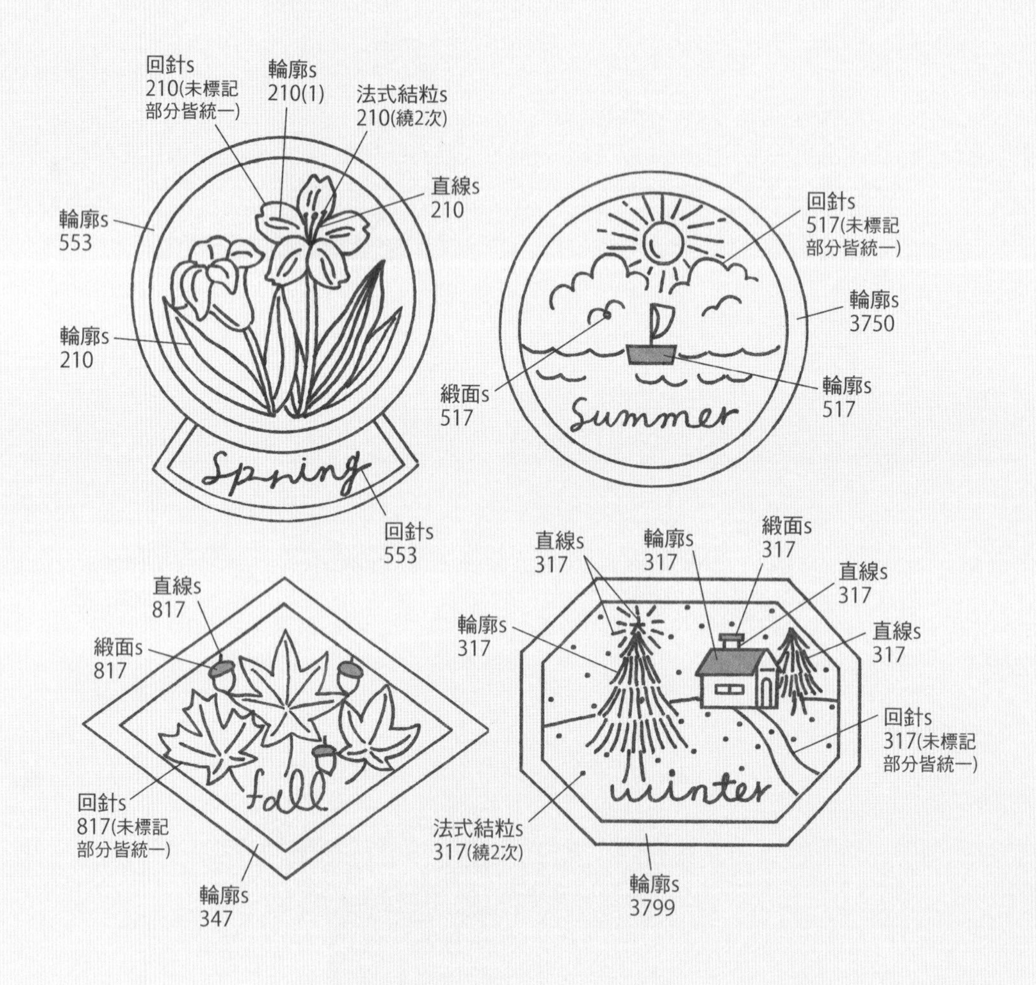

※　除了指定股數的步驟，其餘皆以2股繡線進行刺繡。

刺繡順序

圖案▶英文字樣▶外框

- 除了指定的平面外，其餘皆只須繡外輪廓線。
- 英文字樣以短針腳的回針s刺繡，外框部分以輪廓s刺繡。

◆ 春

- 先以回針s繡好花瓣後，以1股繡線做輪廓s繡花瓣內部線條，在製作花蕊時，花蕊頂部留到最後以法式結粒s刺繡。
- 以回針s繡好花莖與葉片後，以輪廓s繡葉脈。接著分別繡英文字樣與外框即完成。

◆ 夏

- 從太陽開始，整體以回針s由上至下刺繡。其中以緞面s繡海鷗的軀幹，並以輪廓s繡船體。接著分別繡英文字樣與外框即完成。

◆ 秋

- 以回針s繡楓葉的外輪廓線及葉脈，刺繡時葉脈聚攏處的中央須留白。
- 在楓葉之間依序繡橡實的果實、頂部與果蒂，接著分別繡英文字樣與外框即完成。

◆ 冬

- 以輪廓s繡大樹最頂層的葉片，並以逐層發散的感覺，繡往下的每一層葉面，接著繡樹幹、星星及光芒。
- 屋舍部分，依照屋頂、煙囪、牆面的順序刺繡。以直線s繡小樹的葉片，並以回針s繡樹幹。
- 以回針s繡好背景線條及道路後，分別繡英文字樣及外框。最後再一併以法式結粒s繡雪花即完成。

31

彩繪玻璃

STAINED GLASS

這是以緊密黏貼玻璃碎片形成畫作的彩繪玻璃為靈感，進而製作出的刺繡作品。
外輪廓線統一為相同的色彩是這幅刺繡的重點。
以單純的技法繡出美麗的作品，應用作為裝飾小物吧。

選用繡線 DMC 25號繡線：
224, 444, 504, 518, 519, 722, 745, 3012, 3052, 3862

使用技法 輪廓s、鎖鏈s、緞面s

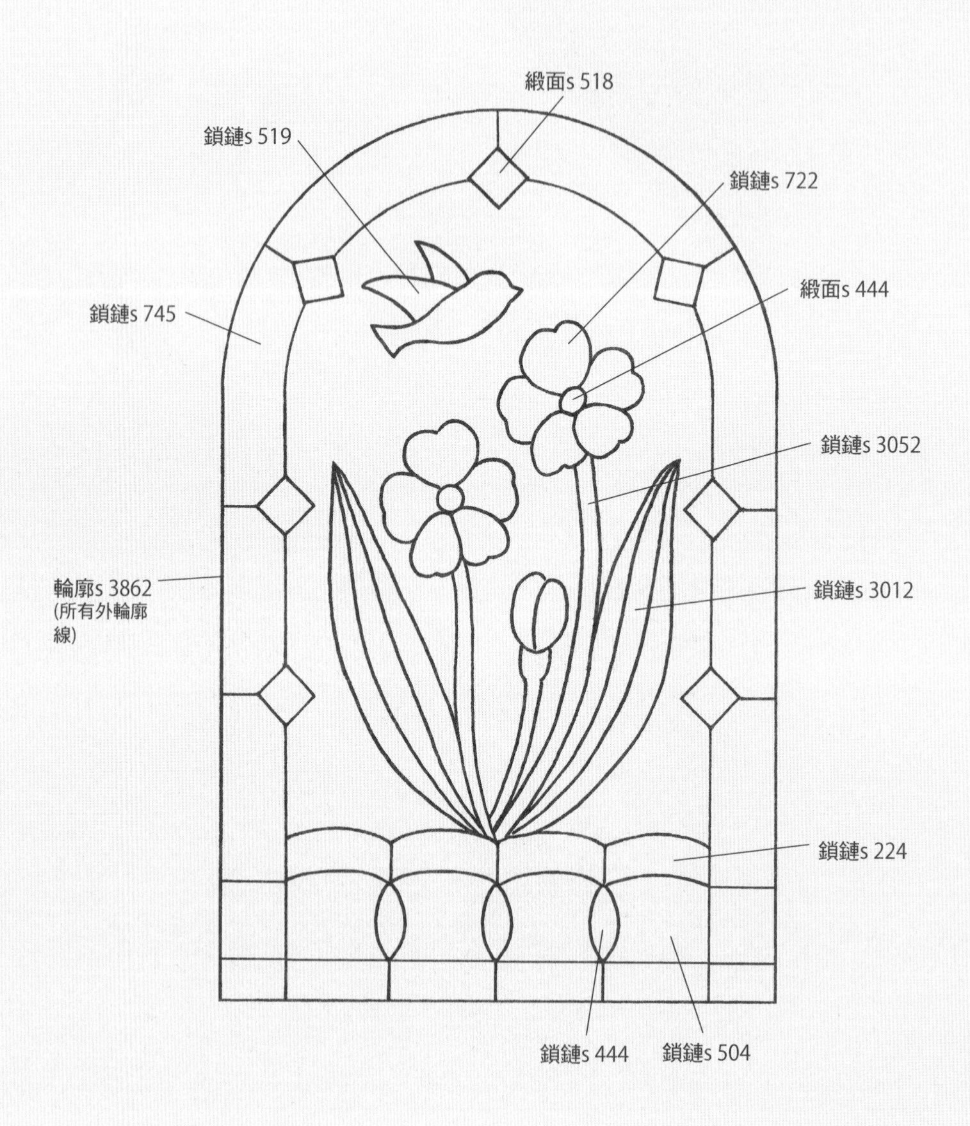

※ 除了指定股數的步驟，其餘皆以2股繡線進行刺繡。

著手刺繡

刺繡順序

花蕊▶ 花瓣▶ 花莖▶ 花下方第一層(224)▶ 尖橢圓形平面(444)▶ 第二層(504)▶ 小鳥▶ 菱形▶ 拱形外框

- 所有的外輪廓線皆以1股3862號線進行刺繡為此作品的重點。
- 以緞面s繡花蕊與菱形，其餘部分皆以鎖鏈s刺繡。
- 依照刺繡的順序，先以輪廓s繡每個步驟的外輪廓線後，再分別以標示的色彩填滿各個平面。

32

復古花紋圖騰

RETO FLOWER PATTERN

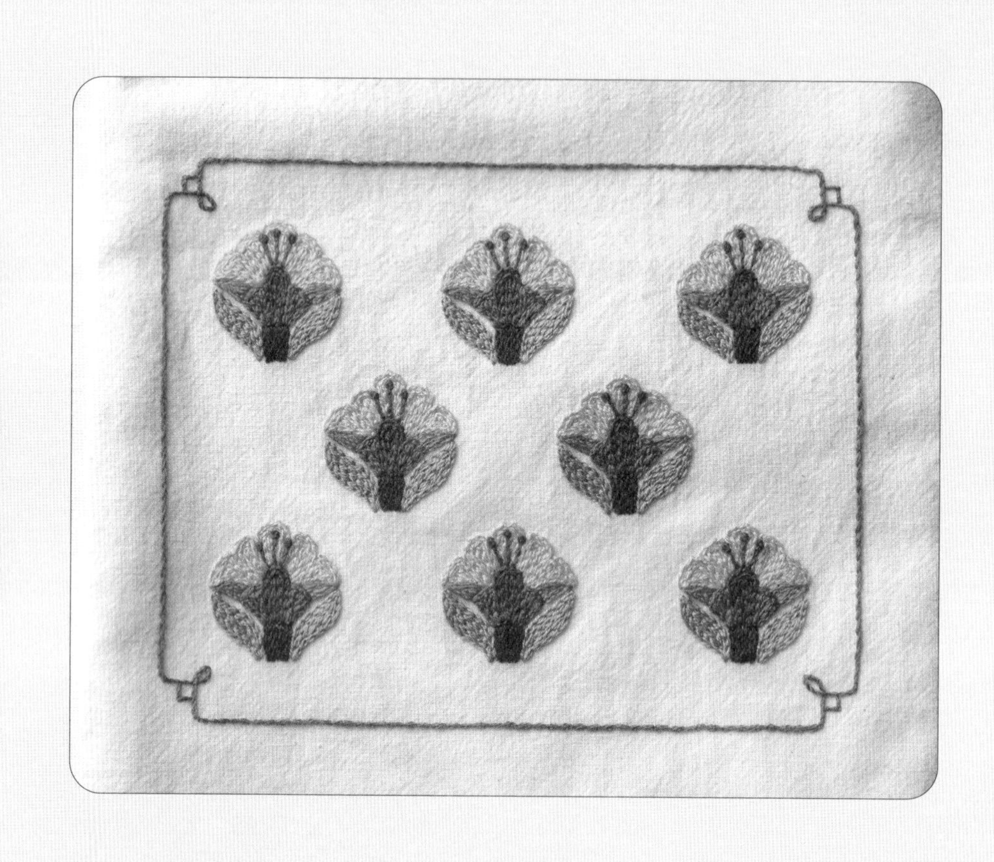

簡化的花朵圖樣、單純的色彩與周圍的外框，滿是復古情懷的花朵圖騰刺繡。
追加單色繡成的小標籤，預留充裕的尺寸，製作成束口袋來使用吧。

選用繡線 DMC 25號繡線：
221, 301, 434, 725, 733, 918, 938, 3776

使用技法 輪廓s、鎖鏈s、法式結粒s

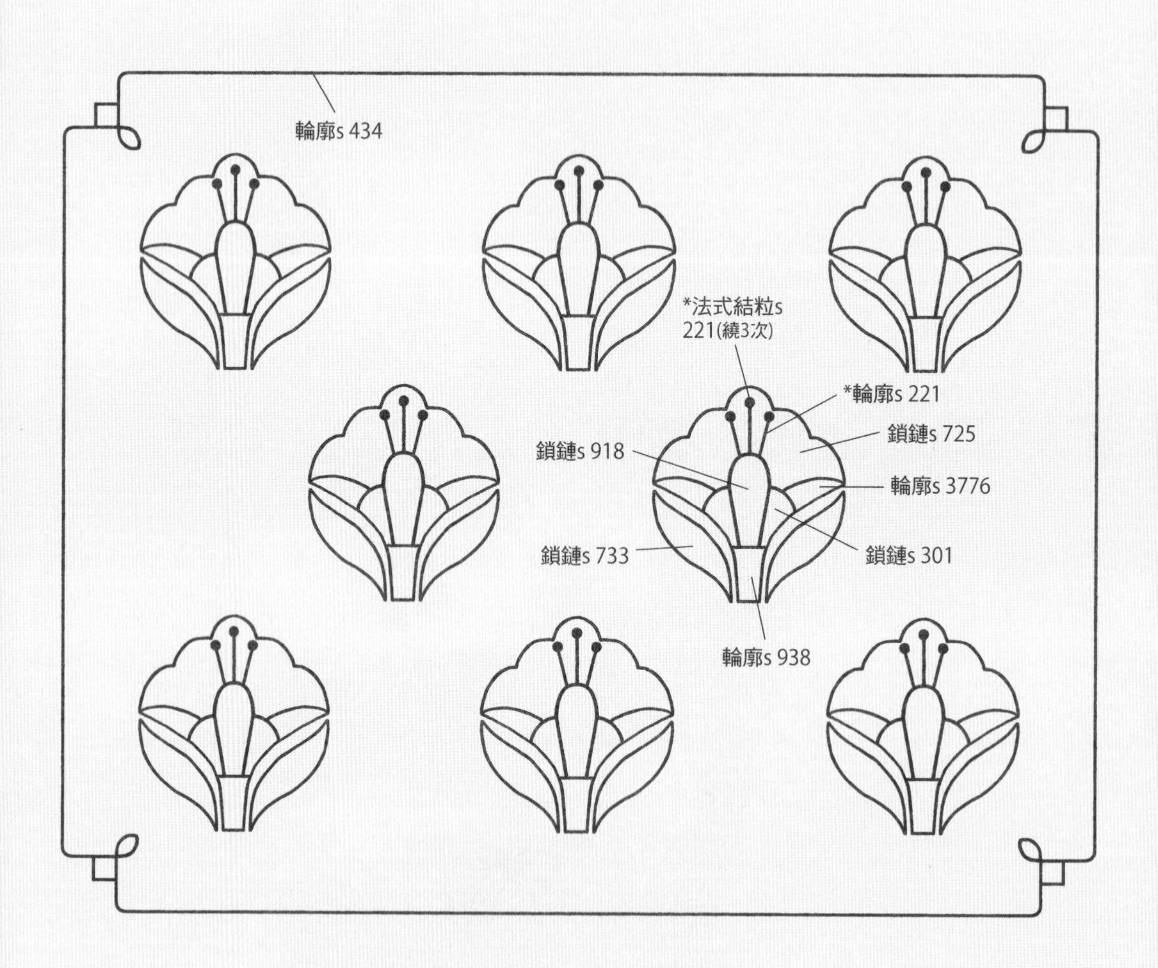

※ 除了指定股數的步驟，其餘皆以2股繡線進行刺繡。
※ 須先繡好底色，再於其上方進行＊記號的步驟。

著手刺繡

刺繡順序

大花瓣(725)▶ 薄花瓣(3776)▶ 花托(918,301)▶ 花蕊▶ 花莖▶ 葉片▶ 外框

- 先以725號線做鎖鏈s繡大花瓣的外輪廓線後，按照弧形曲線分區填滿花瓣。接著以3776號線做輪廓s繡下方較薄的花瓣。
- 以918號線做鎖鏈s繡中央圓弧狀的花柱，再以301號線繡花柱兩側的花托。
- 製作花蕊時，留到最後再以法式結粒s繡花蕊頂部。
- 繡好花莖後，稍微留出間隔再以鎖鏈s繡葉片。
- 除了外框上的小方形外，以連續的輪廓s繡整體外框，再額外繡小方形。

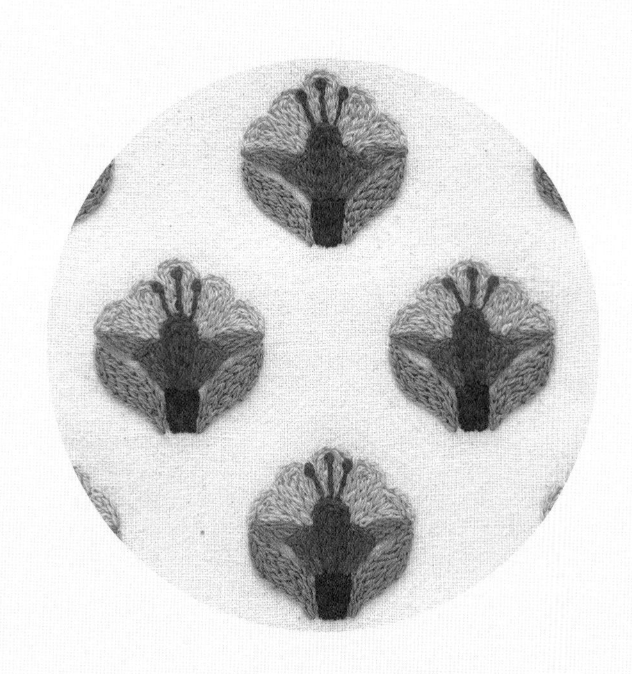

33

傳統小物

TRADITIONAL ORNAMENTS

印花布襪、三色太極扇、大紅刺繡福袋、腰佩，
這是齊聚了韓國傳統工藝品的刺繡。
典雅整潔地刺繡，一同感受韓國的傳統之美。

選用繡線 DMC 25號繡線：

【印花布襪】03, 349, 760, 798, 913, 3733

【太極扇】444, 564, 798, 817, 839, 918

【福袋】221, 321, 444, 517, 676, 721, 783, 792, 818, 899, 905, 918, 3826

【小鳥腰佩】312, 321, 437, 444, 519, 761, 3731

【花型腰佩】351, 437, 444, 564, 700, 721, 722, 913, 3824

使用技法 輪廓s、長短針s、鎖鏈s、緞面s、直線s、雛菊s、法式結粒s

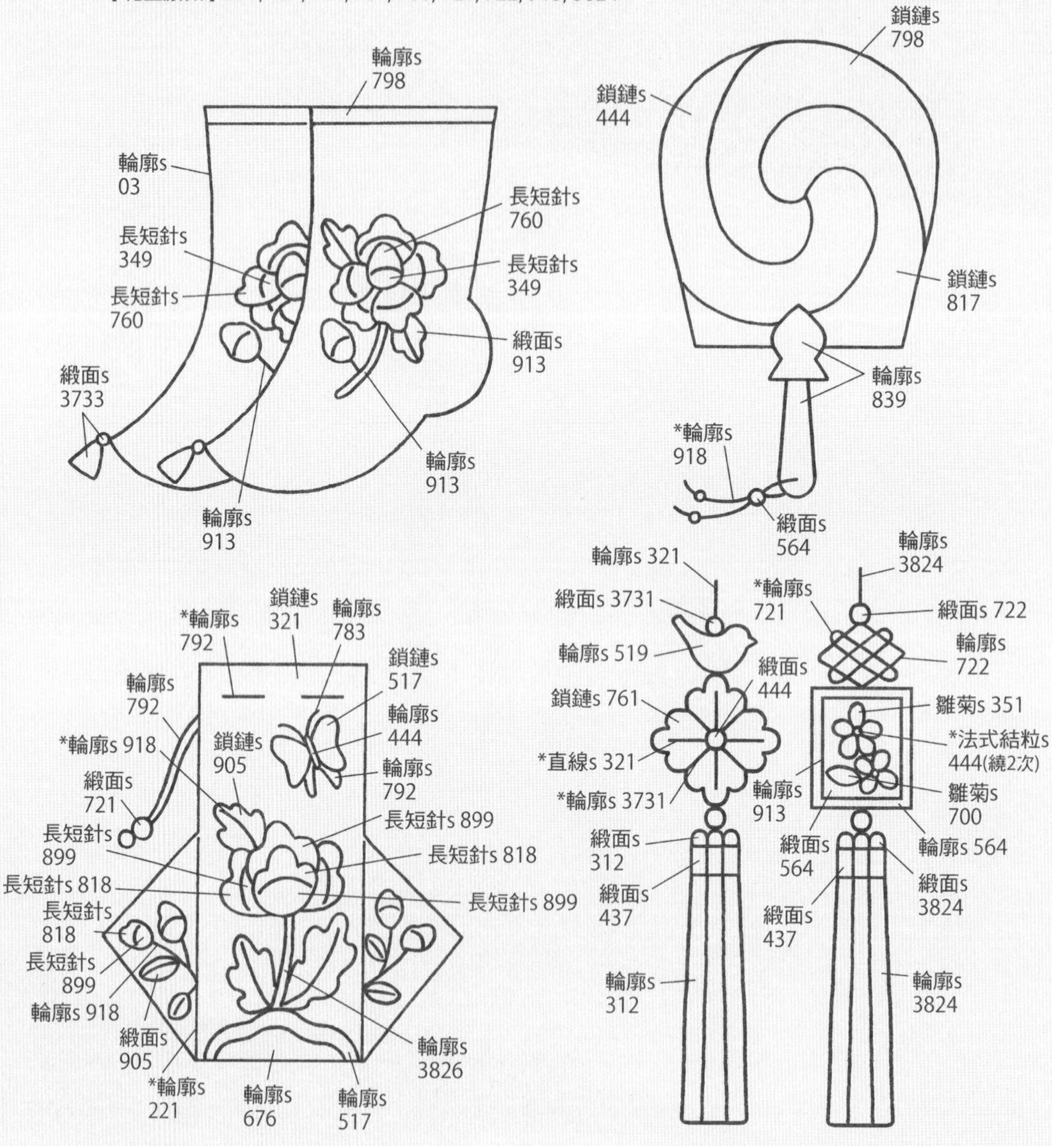

※ 除了指定股數的步驟，其餘皆以2股繡線進行刺繡。

※ 須先繡好底色，再於其上方進行＊記號的步驟。

◆ 印花布襪

刺繡順序

花朵、花苞▶
花莖、葉子▶
布襪上緣薄襪口▶
布襪外輪廓線▶
流蘇

- 以349號線做長短針s繡花瓣內層部分，再自然連接至760號線繡花瓣外層。繡好花莖後，以葉脈為基準，往兩側做斜向緞面s繡葉片。
- 繡好布襪上緣的薄襪口，並以輪廓s繡布襪的外輪廓線。接著以緞面s繡襪尖上的小圓，並均勻地繡流蘇，表現出流蘇鬚的質地。

◆ 福袋

刺繡順序

花瓣▶
花莖、葉子▶
底部曲形裝飾面▶
蝴蝶▶
福袋長方形部分和本體▶
袋口抽繩▶
小花苞▶
花莖、葉子▶
福袋三角形部分

- 以899號線繡大花的內側花瓣，正面與兩側的花瓣以長短針s自然連接，過渡818,899號線來刺繡。
- 繡花莖，葉片以鎖鏈s按照弧線分區刺繡，並繡葉脈。接著以輪廓s分別繡底部曲形的裝飾面。
- 以輕薄的輪廓s繡蝴蝶的身體，再依照圖面所示，分別繡翅膀及觸鬚。
- 以321號線做鎖鏈s繡福袋長方形的外輪廓線後，細密地填滿福袋底色。接著以792號線做輪廓s繡福袋上緣的抽繩與袋口的繩子，線繩尾端的珠子則以緞面s刺繡。
- 繡小花的花苞及花莖，斜向兩側的葉片做緞面s。
- 依序繡福袋三角形部分的外輪廓線再填滿平面，接著以221號線做輪廓s繡袋子上的分界線，區分福袋的平面。

◆ 太極扇

刺繡順序

扇面▶
固定座、扇柄▶
裝飾線繩

- 按照不同色彩以鎖鏈s繡扇面上的輪廓線後，沿著漩渦方向填滿裡面。
- 繡扇子的固定座與扇柄，以輪廓s繡裝飾用線繩，且留意線繩必須稍微疊合在扇柄尾端。接著以緞面s繡珠子即完成。

◆ 腰佩

刺繡順序

上▶下

- 以細小的緞面s繡流蘇頂部，下方以橫向刺繡纏繞的線繩，稍微包裹頂部刺繡的末端，盡量不留縫隙，由線繩裡面開始做細長的輪廓s，繡出流蘇。

小鳥腰佩

- 繡好線繩與珠子後，以519號線做輪廓s繡小鳥的外輪廓線，再沿著輪廓填滿平面。
- 花朵先繡花芯，再沿著花瓣弧線分區做鎖鏈s。在花朵上以輪廓s繡X字型線條，斜向區分花瓣，再以直線s繡十字型。接著繡底部珠子與流蘇。

花型腰佩

- 繡好線繩與珠子後，以722號線做輪廓s繡繩結裝飾的菱形框線，以721號線在菱形上方繡X字型的輪廓線。
- 重複以雛菊s繡好花瓣後再繡葉片，最後以法式結粒s繡花蕊。
- 以緞面s繡長方形底色，在底色上分別繡外輪廓線與外框。接著繡底部珠子與流蘇。

34

小熊玩偶

TEDDY BEAR

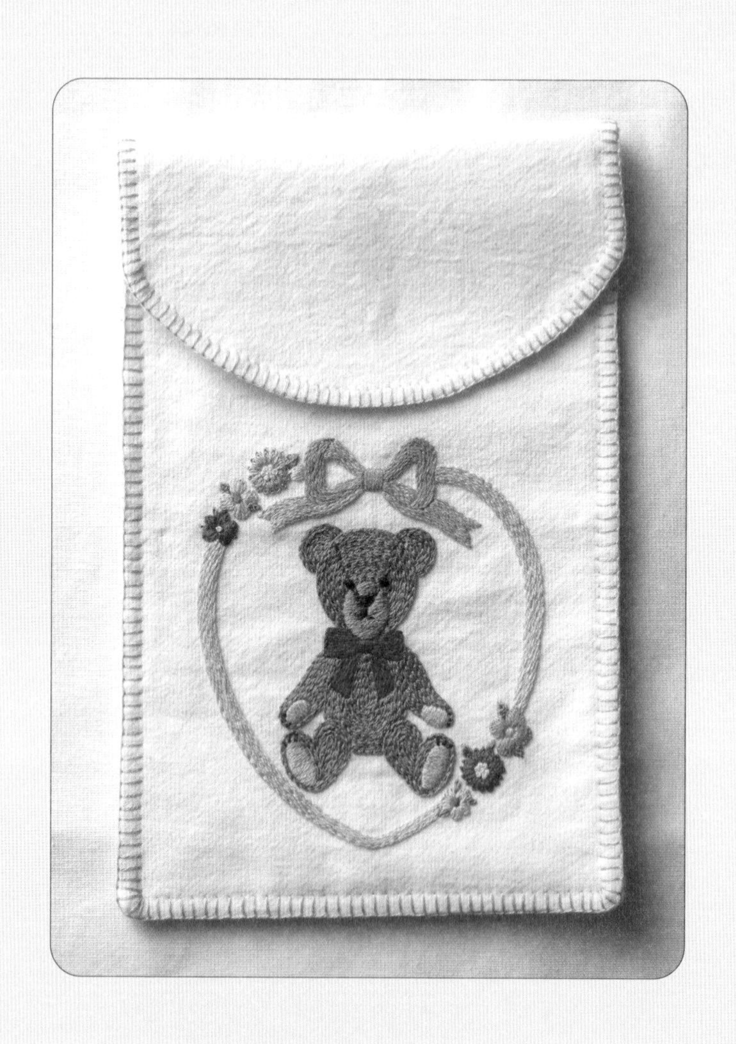

這是綁著紅色蝴蝶結的小熊玩偶刺繡。
外圈的粉色緞帶環繞成心型，感覺更可愛、討喜。
將作品的外框以毛邊繡進行收尾，製作成漂亮的復古小袋子來使用吧。p.201

選用繡線 DMC 25號繡線：
151, 310, 321, 349, 434, 435, 436, 437, 470, 554, 702, 726, 760, 761, 818, 938, 3350, 3354, 3733

使用技法 輪廓s、鎖鏈s、直線s、緞面s、雙重雛菊s、雛菊s、法式結粒s、葉形s、回針s

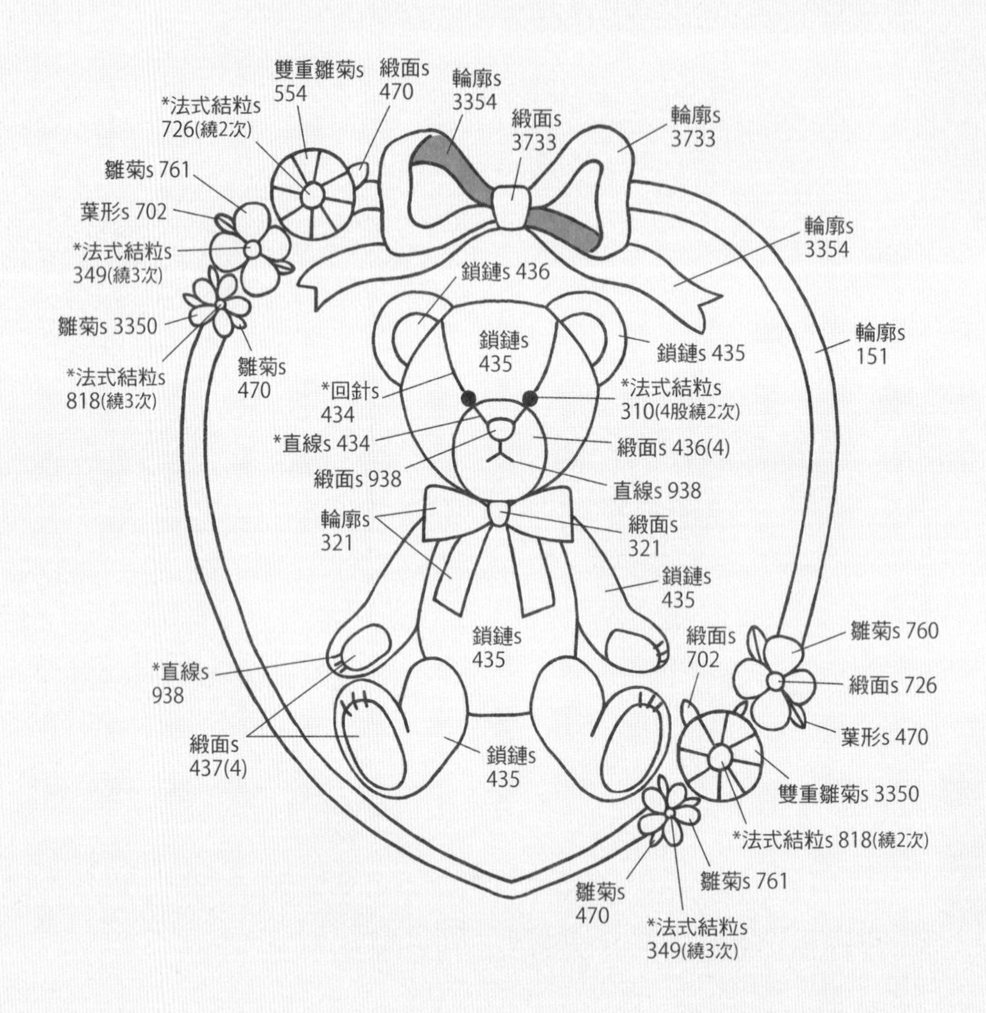

※ 除了指定股數的步驟，其餘皆以2股繡線進行刺繡。

※ 須先繡好底色，再於其上方進行＊記號的步驟。

刺繡順序

熊頭、耳朵▶ 熊的蝴蝶結▶ 軀幹▶ 四肢▶ 大蝴蝶結▶ 花朵▶ 心型環狀緞帶

◆ 熊頭、耳朵

- 先繡鼻子與嘴巴後，稍微預留鼻子上方縫線的位置，再以4股436號線繡吻部的底色。
- 臉部的底色部分，同樣先預留眼睛上方縫線的位置，沿著外輪廓線以435號線做圓形鎖鏈s繡底色。在底色上以434號線分別做回針s與直線s，繡出臉部與鼻子的縫線。
- 耳朵部分，依照由內而外的順序刺繡，最後以4股310號線做法式結粒s繞2次繡出眼睛。

◆ 熊的蝴蝶結

- 以輪廓s繡蝴蝶結兩側的側翼，並以豎向的緞面s繡中央的打結處，須稍微包裹住側翼的末端，接著繡蝴蝶結的長緞帶。

◆ 熊的軀幹、四肢

- 沿著軀幹的外輪廓線，以圓形鎖鏈s繡熊的身軀。接著以緞面s繡腳底板，再以鎖鏈s繡腿部。手臂也以相同順序繡好後，以938號線做短小的直線s，重疊在腳底板與腿部上方繡縫線。

◆ 大蝴蝶結

- 分別以3733號線做輪廓s繡大蝴蝶結的外層，再以3354號線繡蝴蝶結內裡，用豎向的緞面s稍微包裹住蝴蝶結的末端，繡打結處。接著以輪廓s繡蝴蝶結波浪狀的長緞帶。

◆ 花朵、心型環狀緞帶

- 雖然上、下兩側的花形及刺繡技法相同（下方第一朵花的花蕊除外），但色彩各不相同，要仔細區別刺繡。
- 圓形花朵部分，以花蕊為中心，沿著外輪廓線做雙重雛菊s，均勻填滿花瓣之間的空隙，在花蕊中重複多次法式結粒s，直到填滿花蕊為止，再繡葉片。
- 其餘花朵部分，先繡花蕊後，再以雛菊s繡花瓣，並分別繡葉片。
- 以151號線做輪廓s繡心形的環狀緞帶，並仔細連接花朵與緞帶，不留縫隙繡好後即可收尾。

35

花園錄影

FLOWER GARDEN CAMCORDER

在90年代，用插入式錄影帶錄影機進行拍攝的家庭錄影帶風行一時。
這就是以老式錄影畫面為靈感製作的刺繡作品。
拍攝著小花園的畫面底部顯示著日期及時間，更增添一份復古的浪漫。

PLAY
PM 4:17
MAY.12 1990

選用繡線 DMC 25號繡線：
210, 310, 340, 347, 349, 367, 444, 470, 519, 700, 702, 704, 722, 725, 726, 741, 745, 778, 783, 803, 905, 907, 3013, 3347, 3348, 3364, 3799, blanc

使用技法 鎖鏈s、輪廓s、法式結粒s、直線s、緞面s、雛菊s、雙重雛菊s、雙重十字s

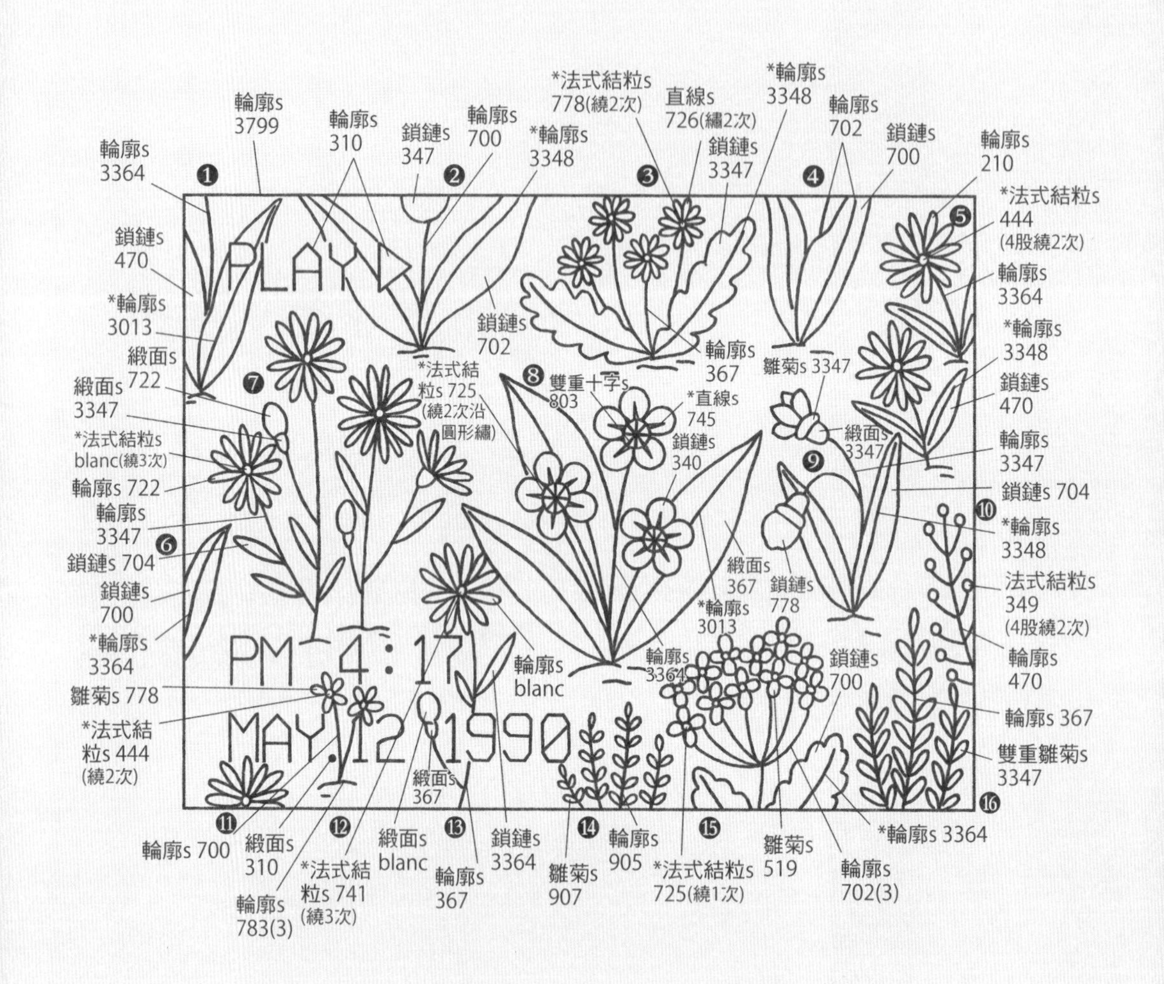

※ 此圖為縮小90%，實際尺寸圖樣收錄於p.207。
※ 除了指定股數的步驟，其餘皆以2股繡線進行刺繡。
※ 須先繡好底色，再於其上方進行＊記號的步驟。
※ 土壤部分以3股783號線刺繡。

著手刺繡

刺繡順序

英文、符號、數字字樣▶第一行（1~5）▶第二行（6~10）▶第三行（11~16）▶畫面外輪廓線

- 畫面上、下方的英文、符號與數字以310號線做輪廓s細密地刺繡，小點部分以緞面s刺繡。
- 花朵部分，整體分為三組橫向組成，按照圖面標示的1～16依序慢慢刺繡。
- 有法式結粒s的部分，皆留到最後再全部一併刺繡為佳。
- 土壤以3股783號線做輪廓s，可以在繡花朵時逐一繡出，也可以留到最後再一起進行。最後以3799號線做輪廓s繡整體畫面的外輪廓線即完成。

◆ 第一行（❶~❺）

- 1、2、4：先繡好花朵與花莖後，以鎖鏈s繡好葉子，在葉面上以輪廓s繡葉脈。
- 3：以726號線重複2次直線s繡出花瓣後，繡好花莖。依照葉子的波浪狀曲線，分區以斜向鎖鏈s繡葉面，在其上以輪廓s繡葉脈。最後繡花蕊。
- 5：沿著花瓣的外輪廓線，以210號線重複2次輪廓s繡花瓣。接著分別繡好花莖與葉子，在葉面上以輪廓s繡葉脈。最後繡花蕊。

◆ 第二行（❻~❿）

- 6：以鎖鏈s繡葉片，在葉面上以輪廓s繡葉脈。
- 7：沿著花瓣的外輪廓線以722號線重複2次輪廓s繡花瓣。繡好花莖後，在莖部末端以緞面s繡花托，接著分別繡花苞及葉片，最後再以法式結粒s繡花蕊。
- 8：以鎖鏈s繡花瓣，在花瓣上以745號線重複2次直線s，注意唯有朝外的部分須重疊呈現尖銳狀。接著繡花朵中央的雙重十字s，再以725號線沿著圓形進行法式結粒s。接著分別繡花莖與葉子，在葉面上以輪廓s繡葉脈。
- 9：分別以鎖鏈s繡花瓣與花苞後，在花托的上半部以雛菊s、下半部以緞面s刺繡。接著分別繡花莖與葉子，在葉面上以輪廓s繡葉脈。
- 10：以輪廓s繡莖幹後，以法式結粒s繡果實。

◆ 第三行（⓫~⓰）

- 11、13：沿著花瓣的外輪廓線，以blanc號線重複2次輪廓s繡花瓣。繡好花莖後在花莖的末端以緞面s繡花托。接著分別繡花苞和葉子，最後再以法式結粒s繡花蕊。
- 12：以雛菊s繡好花瓣後繡花莖，最後再以法式結粒s繡花蕊。
- 14、16：以輪廓s繡莖幹後，再繡葉子即可。
- 15：重複2次雛菊s繡花瓣的平面，以輪廓s繡花莖。依照葉子的波浪狀曲線，分區以斜向鎖鏈s繡葉面，在其上以輪廓s繡葉脈。最後以法式結粒s繡花蕊。

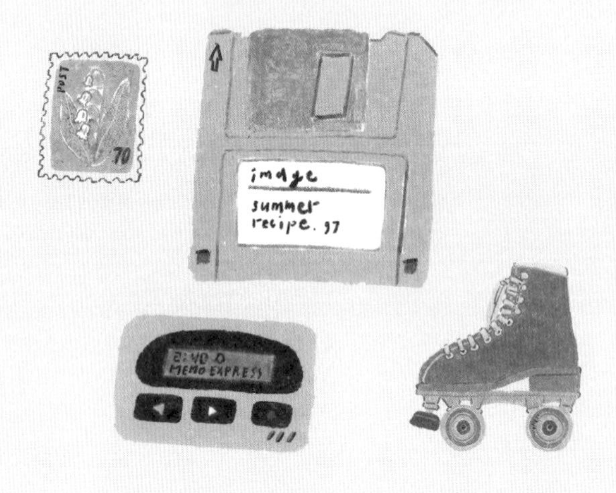
POST
70
image
summer
recipe. 97
MEMO EXPRESS

WORK

製作小物的方法

藏針縫

利用這個技法將繡布縫合時，可以使外部看不見縫線，適用於本書中所有需要縫製的小物。請選用與繡布同色的縫線進行縫紉。

在製作打字機、縫紉機、電話、檯燈、收音機與錄音帶、韓服罩衫、復古花紋圖騰、小熊玩偶等物件之前，請先熟悉這個技法。

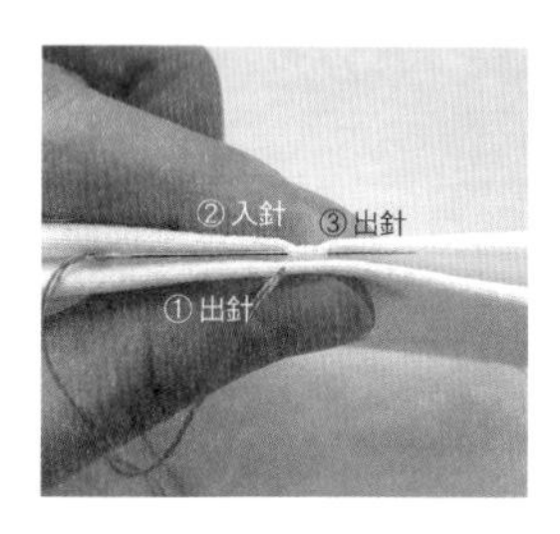

1. 為了隱藏繩結，先從縫份內側出針，步驟②在正對步驟①的位置入針。

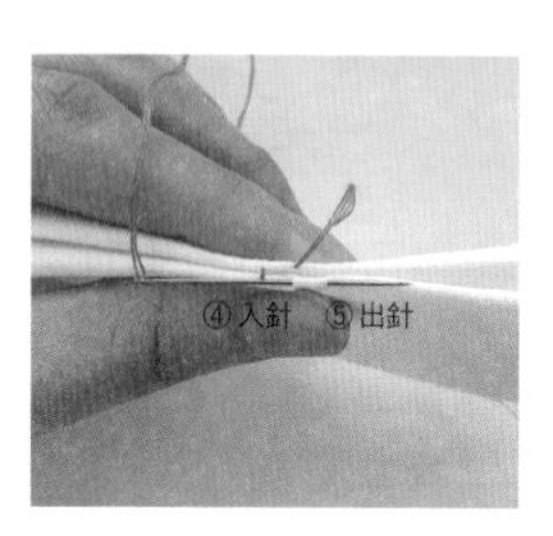

2. 在正對步驟③的位置入針。依固定間隔重複步驟④、⑤，縫合上、下兩面。

打字機、縫紉機、電話、檯燈吊飾

準備物品　繡布表布、底面表布、棉質布標（寬2cm）、DMC 25號線 894, 414, 517、線繩（DMC珍珠棉線5號線 894, 414, 517）、縫紉線、針、剪刀

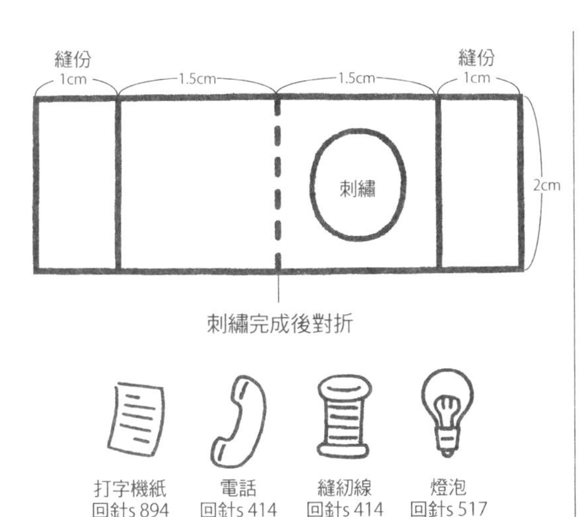

1. 裁剪一段2cm寬的棉質布標，將各個刺繡圖樣轉印至布標的「刺繡」位置上，並取2股繡線以回針s繡圖案線條。

2. 將線繩（DMC珍珠棉線 5號線）裁剪出適當長度後，將線繩對折並打一個大的繩結。（打字機紙-894、電話、縫紉線-414、燈泡-517）

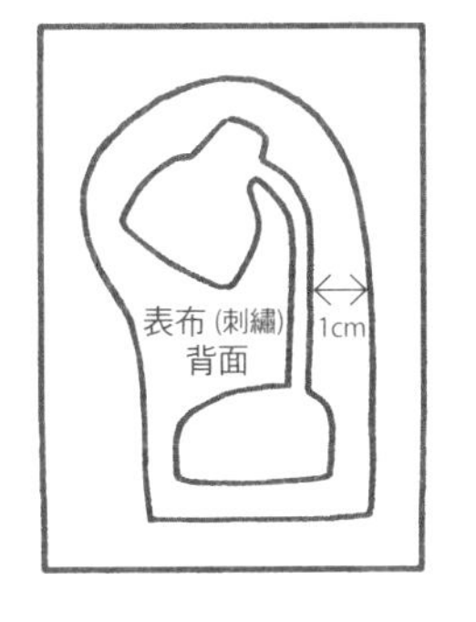

3. 將表布（刺繡）翻至背面，沿著刺繡的形狀約1cm間隔處畫出形狀飽滿的完成線後，預留縫份裁剪下來。並準備另一塊大小相同的底面用表布。

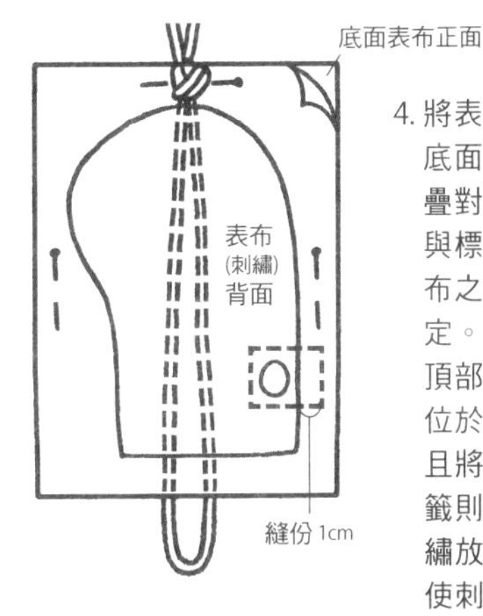

4. 將表布（刺繡）與底面表布的正面重疊對齊後，將線繩與標籤放入兩塊表布之間，用別針固定。線繩須放置於頂部中央，使繩結位於完成線外側，且將線繩倒放。標籤則先對折後將刺繡放入表布內側，使刺繡面與刺繡面相對，將縫份與完成線對齊。

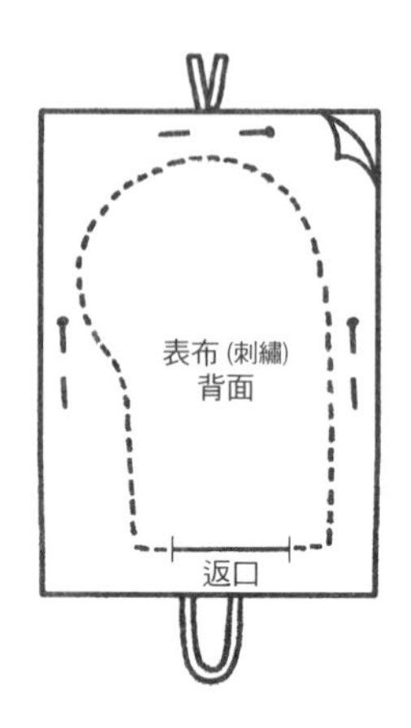

5. 在圖面標示的直線部分預留返口，沿著完成線仔細地以平針縫縫合。

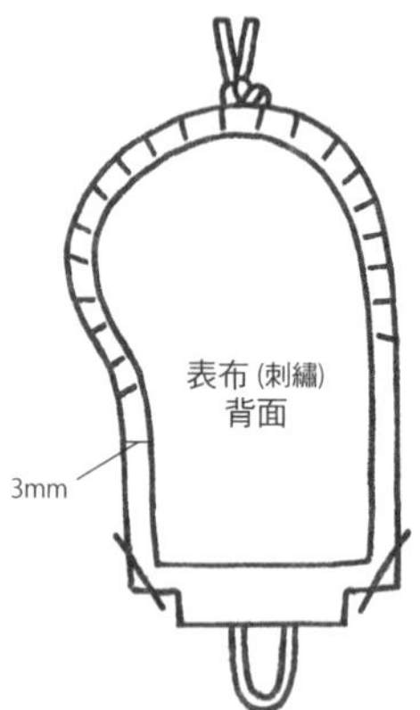

6. 除了返口位置，在完成線間隔3mm處將預留的縫份裁剪下來。邊角部分修剪成斜線，曲線部分則修剪出切口。此步驟留意不要剪到線繩。

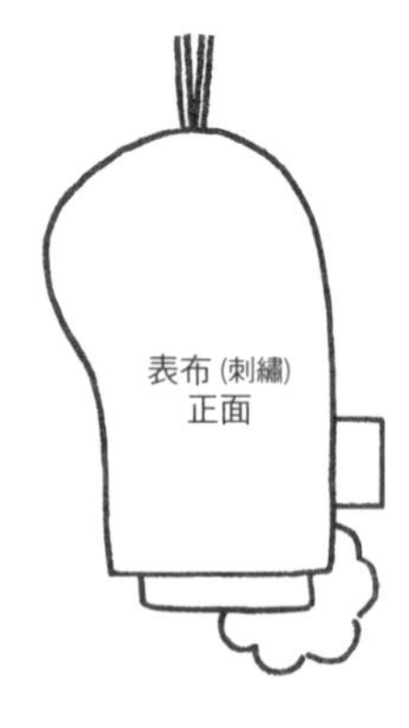

7. 由返口將表布翻回正面，用竹籤插入內部整理好整體形狀後，熨燙定型。接著再從狹窄的部分開始填塞適量棉花。

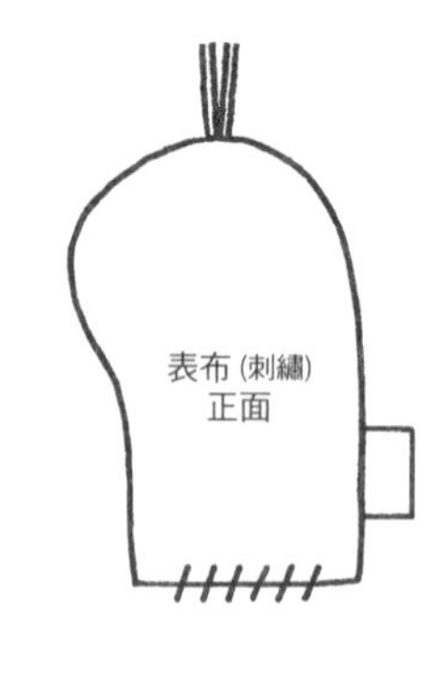

8. 將預留的縫份折入返口中，以藏針縫縫合（p.186）。

收音機與錄音帶鑰匙圈

準備物品　繡布表布、底面表布、棉質布標（寬1cm）、棉襯（扁平的薄棉花）、鑰匙圈、縫紉線、針、剪刀

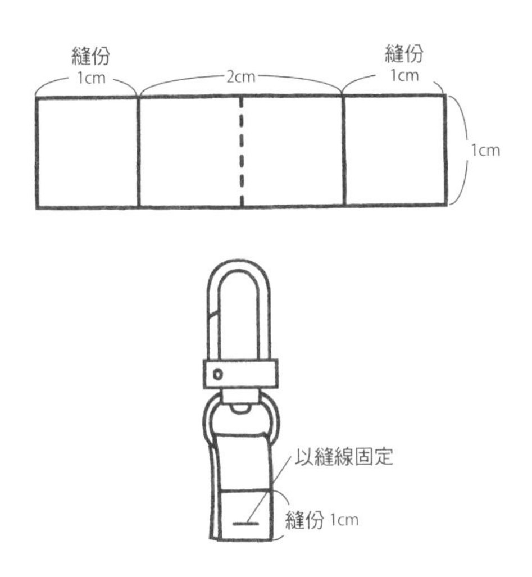

1. 剪裁一段布標穿過鑰匙圈後對折，在縫份末端縫一個針腳固定。

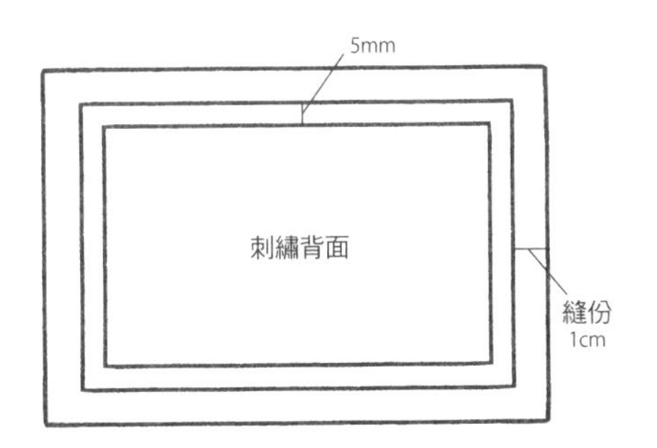

2. 在刺繡背面距離外輪廓線間隔5mm處畫出直線，並預留縫份裁剪下來。準備另一塊大小相同的底面表布。

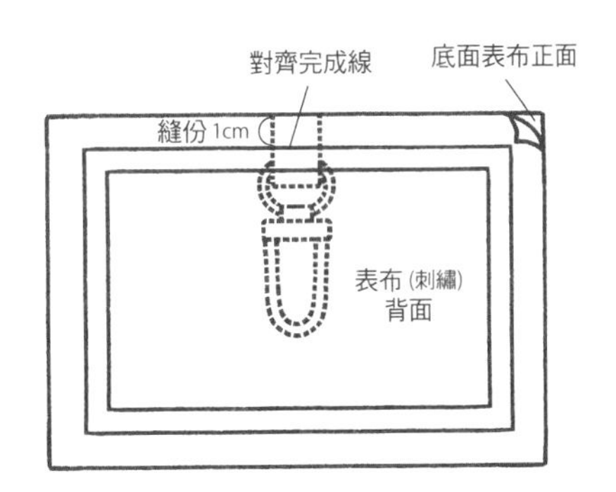

3. 將表布（刺繡）與底面表布的正面重疊對齊後，將鑰匙圈放入兩塊表布之間，位於頂部中央的鑰匙圈須向內側倒放，並對齊完成線。

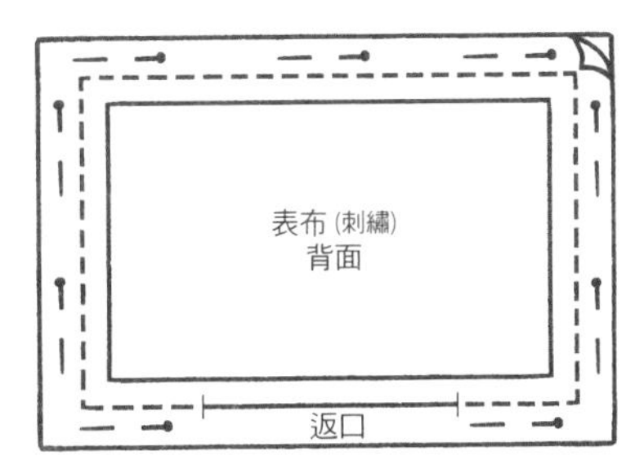

4. 以別針固定後，除了返口位置，整體以細密的平針縫合。

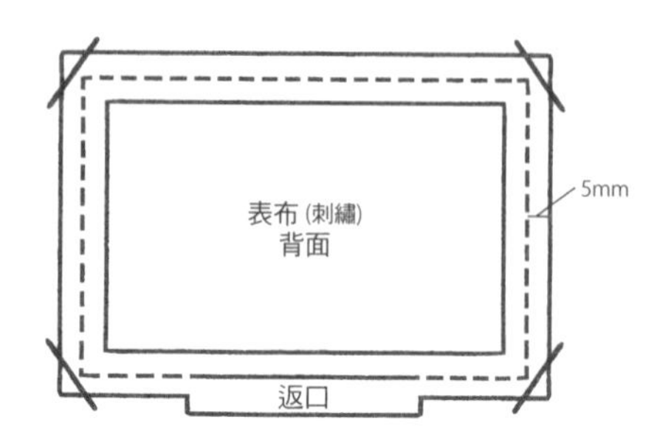

5. 除了返口以外，從間隔縫份約5mm處做裁剪，邊角部分修剪成斜線。

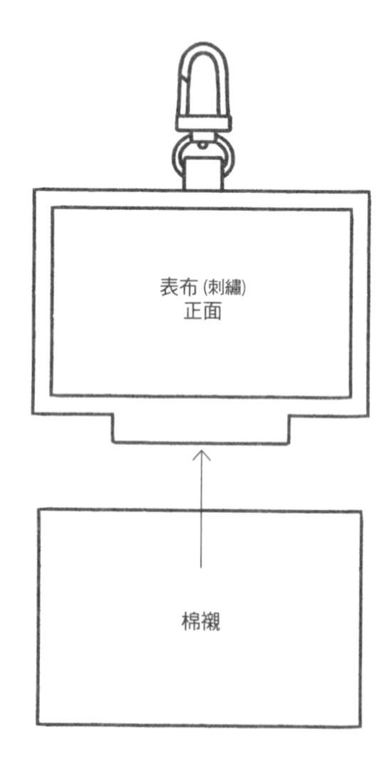

6. 由返口將表布翻回正面，用竹籤插入內部整理好整體形狀後，熨燙定型。接著剪下一塊比表布略小的棉襯塞入表布之中，須從邊角處開始填塞平整，使棉襯不起皺摺。

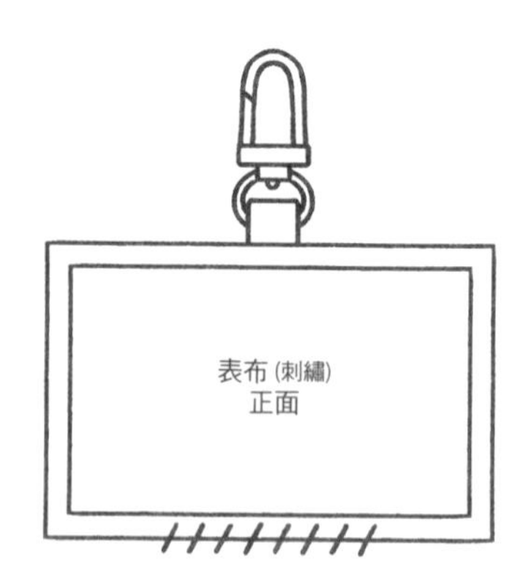

7. 將預留的縫份折入返口中，以藏針縫縫合（p.186）。

溜冰鞋、棒棒糖、心型墨鏡與冰淇淋毛邊繡繡片

準備物品　刺繡表布、不織布（顏色比刺繡略淺）、針、剪刀、DMC 25號線353, 564, 818, blanc

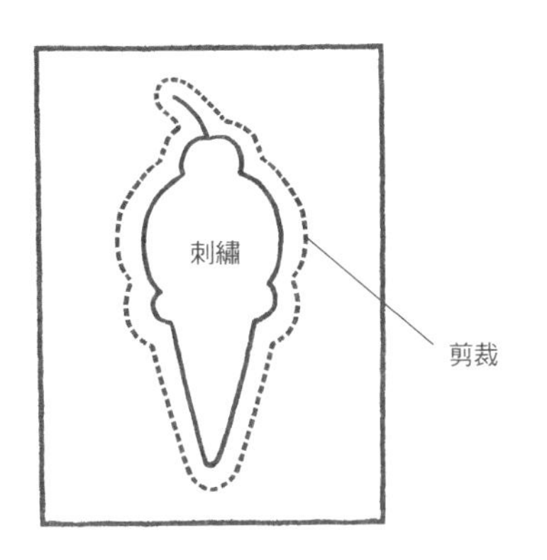

1. 完成刺繡後，沿著圖樣最外圍的外框裁剪繡布，若能在裁切面上塗一層防綻液，會更便於操作。

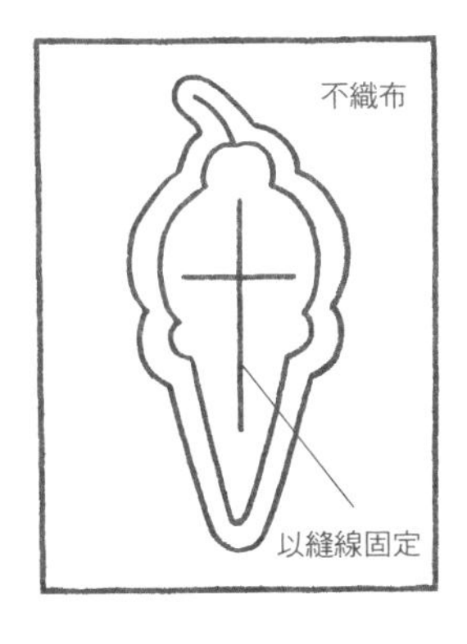

2. 將刺繡放置於不織布上，以針腳寬大的疏縫線固定。

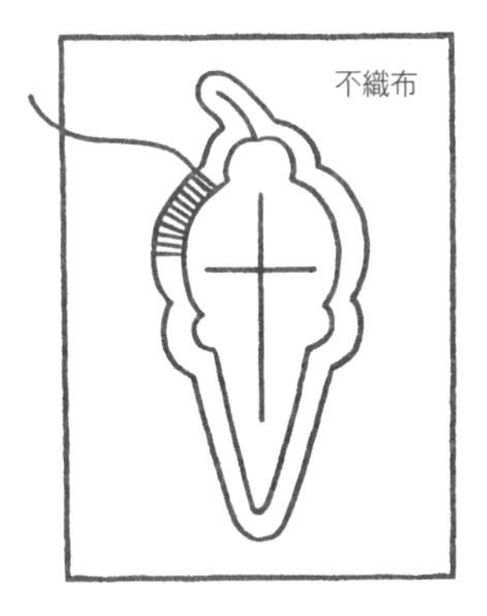

3. 在刺繡的繡布與不織布外框進行細密的毛邊s（參考p.192）後，去除疏縫線。（冰淇淋-818、溜冰鞋-564、墨鏡-blanc、棒棒糖-353）

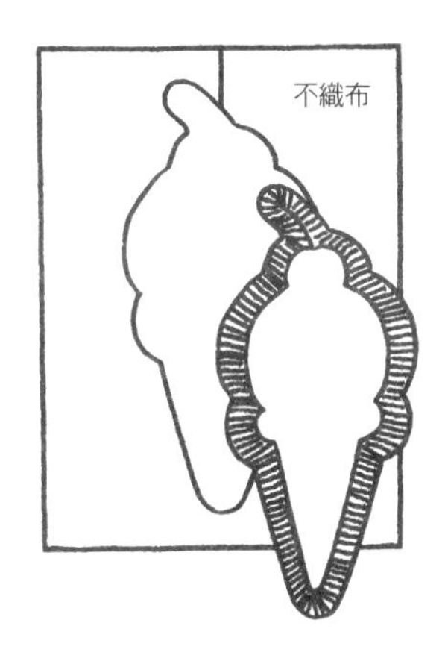

4. 將多餘的不織布裁掉，留意不要剪到繡線。

在重疊的繡布上進行毛邊繡

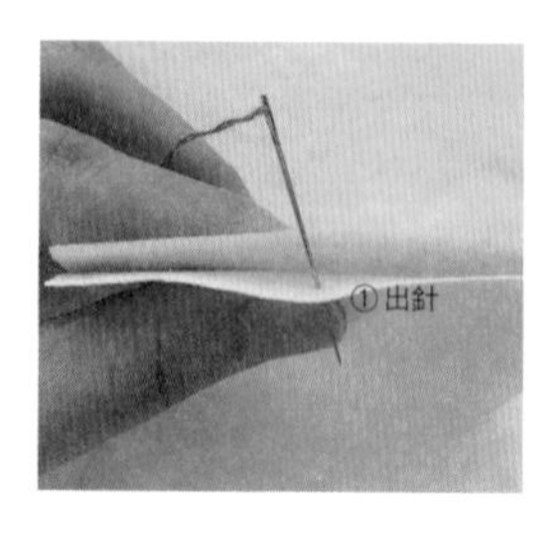

1. 為了隱藏繩結，要從繡布之間下針，再由正面出針。

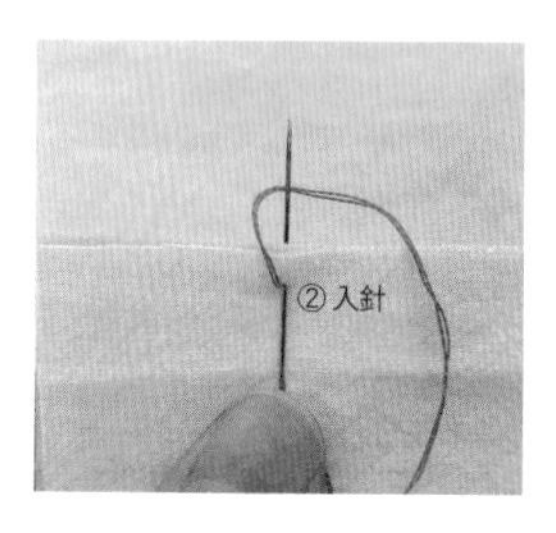

2. 在步驟①旁不留縫隙地入針，穿過兩層繡布後，將繡線繞針一圈後出針。

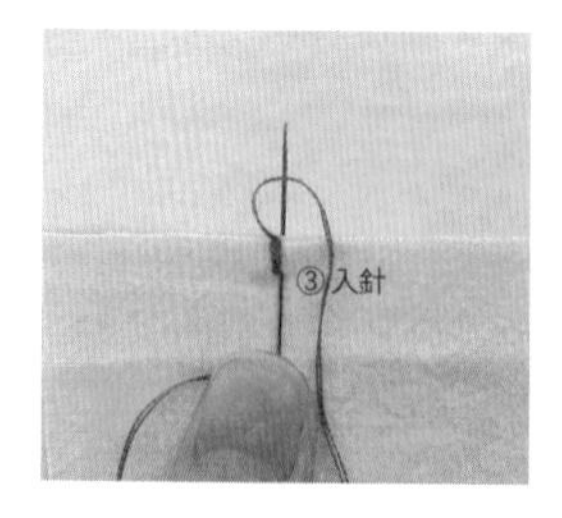

3. 緊貼著步驟②入針，將繡線繞針一圈後出針。重複步驟③直到環繞整圈外框。

布料收邊

在完成復古玻璃杯、遊戲機、柑仔店零食、童年時期、懷舊主題、懷舊四季LOGO等刺繡後，可以將布料收邊並製作成繡片或杯墊，也可以在刺繡背面貼上胸針或磁鐵，做各式各樣的應用。

準備物品

刺繡表布、不織布（顏色比刺繡略淺）、剪刀、手工藝用黏著劑

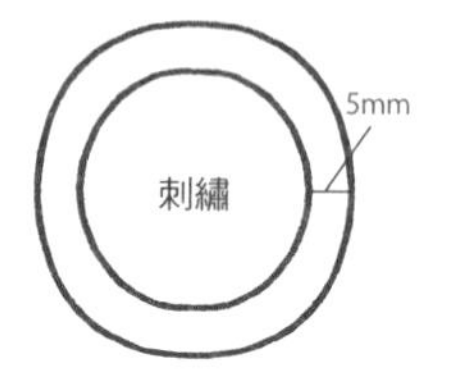

1. 刺繡完成後，沿著刺繡形狀將繡布預留約5mm間隔，裁下外框。

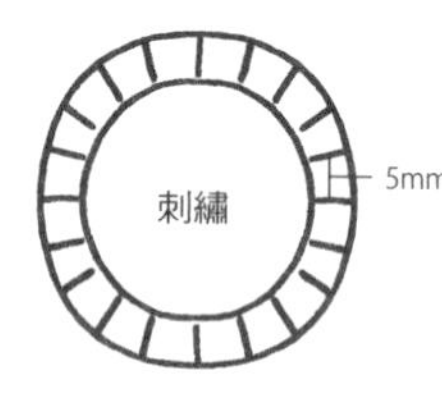

2. 繡布外圍每間隔約5mm剪切口，若角度狹窄、斜度變化大，切口須剪得更密集。

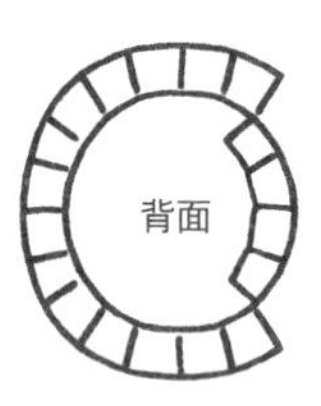

3. 繡布翻到背面，在繡布的切口部分塗手工藝用黏著劑，並逐一折疊至背面黏貼固定。

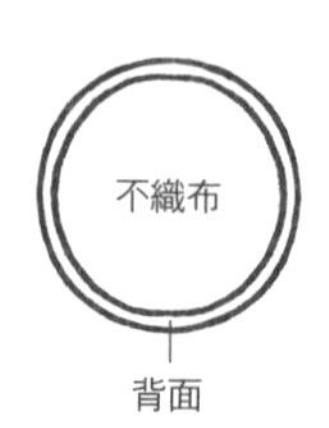

4. 在刺繡背面外圍塗手工藝用黏著劑，貼上不織布後，沿著刺繡形狀剪下即可。

韓服罩衫針插

製作流蘇

準備物品　厚紙板、剪刀、DMC 25號線151, 211, 3325

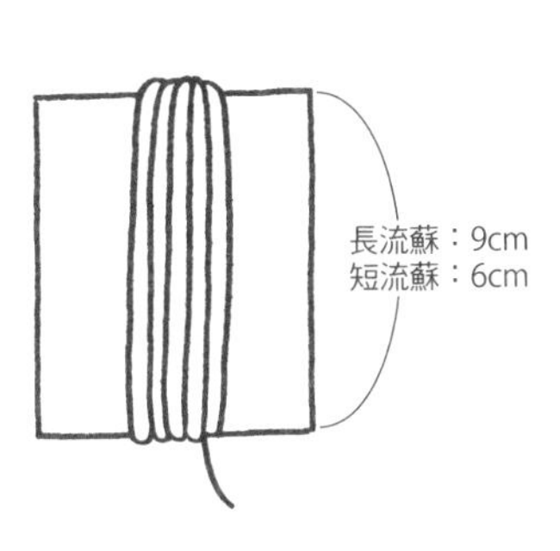

1. 裁剪厚紙板，長流蘇剪成9cm，短流蘇剪成6cm，用不抽線的6股DMC 25號線纏繞紙板。9cm流蘇用3325號線（白色碎花罩衫）、211號線（紫色碎花罩衫）纏繞13圈，6cm流蘇則用151號線（粉色碎花罩衫）纏繞10圈。

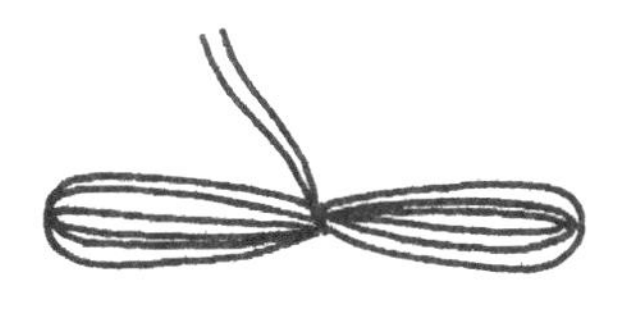

2. 抽出厚紙板，取1股同色繡線將線圈從中間綁好。繡線須預留充分的長度供縫紉使用，打兩次繩結且不剪斷線尾。

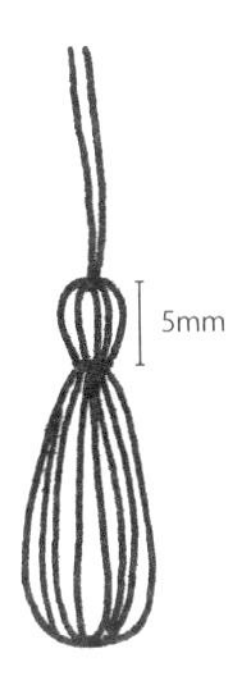

3. 將線圈對折，取1股同色繡線在頂部約5mm處緊密纏繞三～四圈並打兩次繩結固定。綑綁用的繡線亦不裁剪，與線圈一同順向下方即可。

4. 剪開線圈下方的環狀部分，修剪平整至需要的長度。

製作針插

準備物品　刺繡表布、底面表布、縫紉線、剪刀、流蘇（方形針插4個、半圓針插1個）

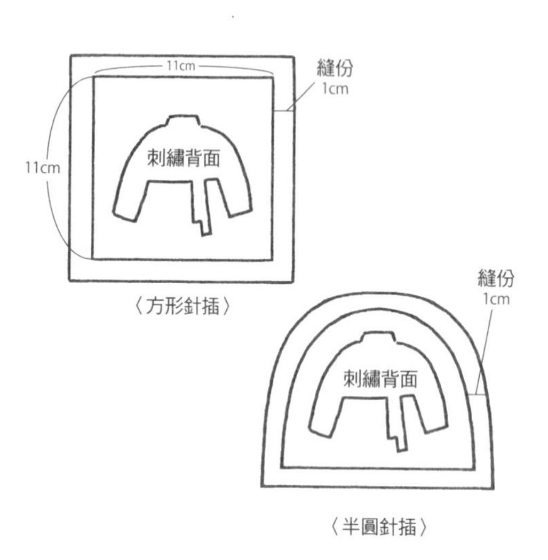

1. 將方形針插刺繡表布翻至背面，刺繡置於布面中央裁剪下來，並準備相同大小的底面表布。半圓針插則沿著刺繡的形狀，在上半部畫半圓形、底部畫直線作為完成線，預留縫份裁剪繡布，準備相同大小的底面表布備用。

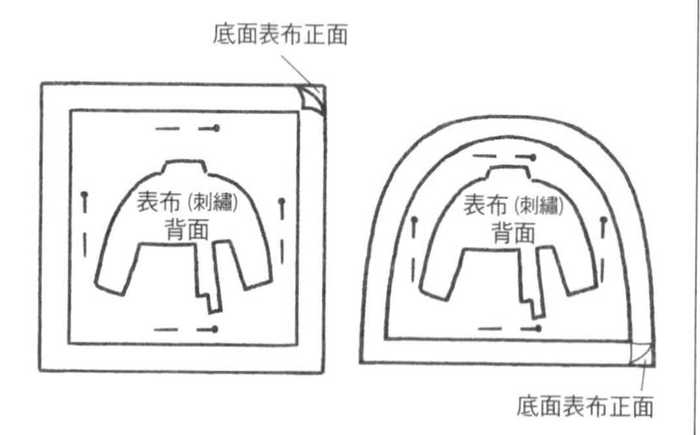

2. 將表布（刺繡）與底面表布的正面重疊對齊後，以別針固定。

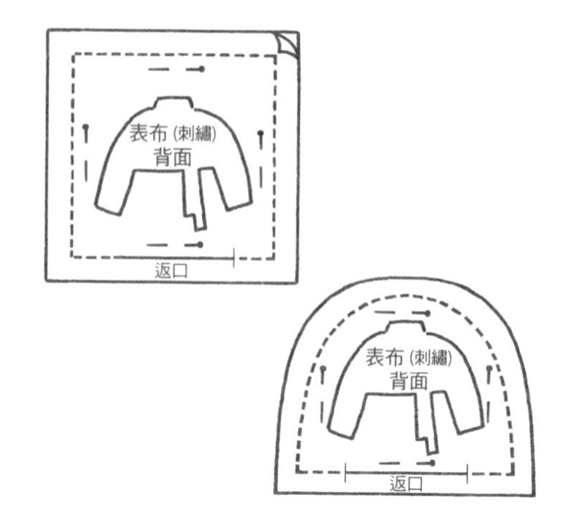

3. 除了返口位置，將整體以細密的平針縫合。

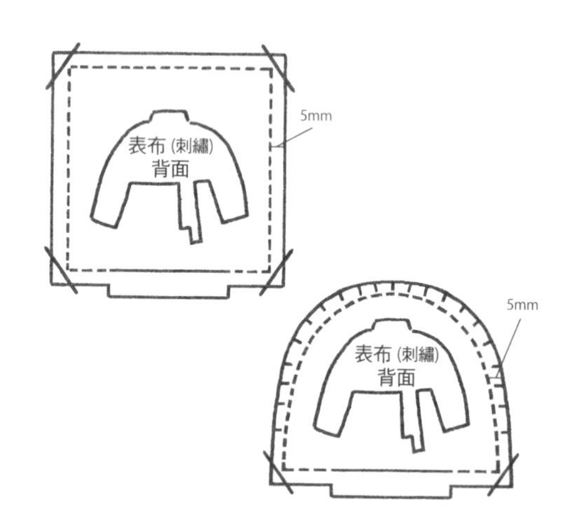

4. 除了返口位置，從間隔縫份約5mm處做裁剪，邊角部分則修剪成斜線。半圓針插在半圓部分修剪切口。

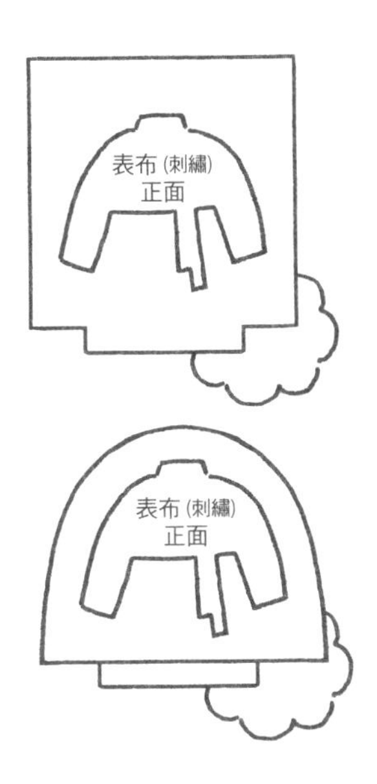

5. 由返口將表布翻回正面，用竹籤插入內部整理好整體形狀後，熨燙定型。接著由狹窄的部分開始填塞適量的棉花。

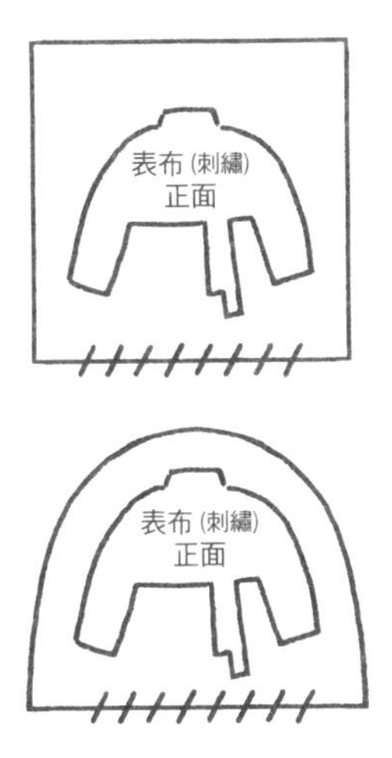

6. 將預留的縫份折入返口中，以藏針縫縫合（p.186）。

7. 在方形針插的四個邊角，以及半圓針插的一側邊角縫上流蘇（p.193）。將針線由流蘇上預留的縫線處穿入，在邊角上以短針腳縫合兩次。打好繩結後，將針往針插內部穿入並從另一側出針，持續抽拉縫線直到繩結穿入針插內部為止，再剪去多餘線頭。

節慶蛋糕緞面繡繡片

準備物品　刺繡表布、不織布（顏色比刺繡略淺）、針、剪刀、DMC 25號繡線745,ecru

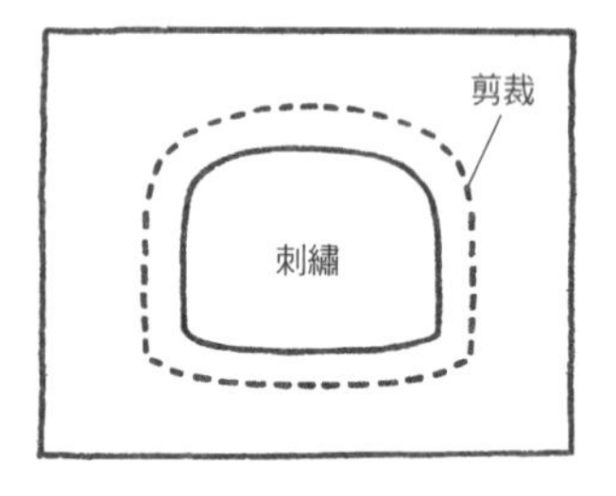

1. 完成刺繡後沿著圖樣最外圍的外框裁剪繡布，若能在裁切面塗一層防綻液，會更便於操作。

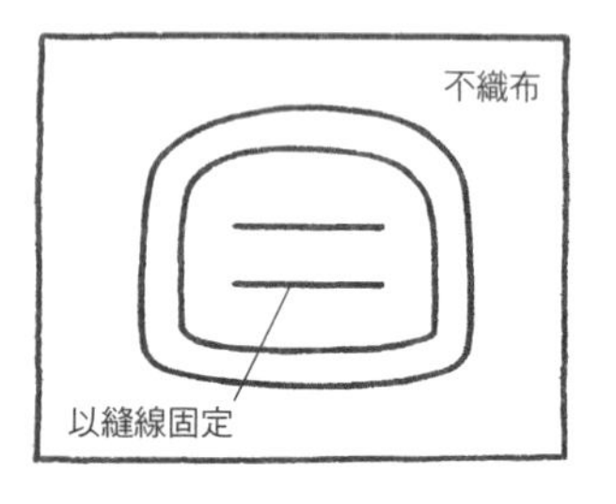

2. 將刺繡置於不織布上，以針腳寬大的疏縫線進行固定。

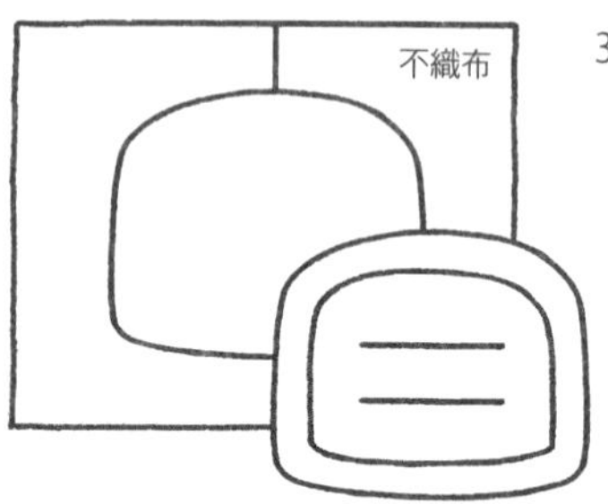

3. 沿著繡布外緣剪掉不織布。

4. 在外圍不留間隙、細密地進行緞面s，完成後去除疏縫線。（生日蛋糕-745，櫻桃、草莓蛋糕-ecru）

在重疊的繡布上進行緞面繡

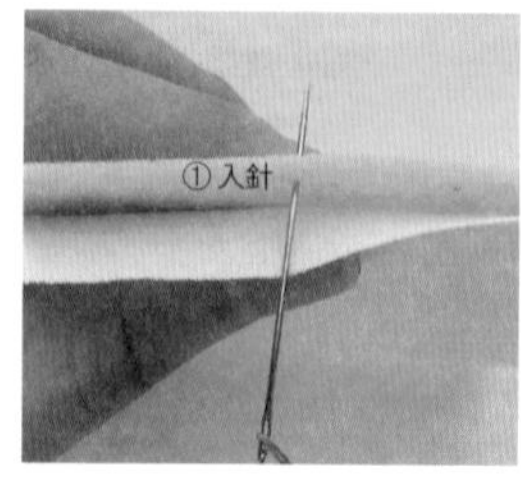

1. 為了隱藏繩結，要從繡布之間下針，再由背面出針。

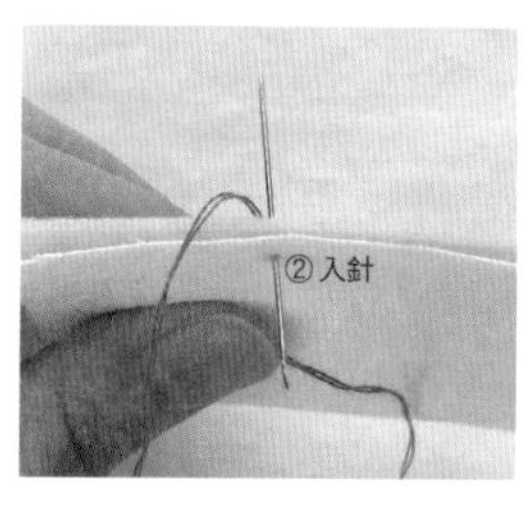

2. 將繡線繞至正面入針，並穿過兩層繡布。

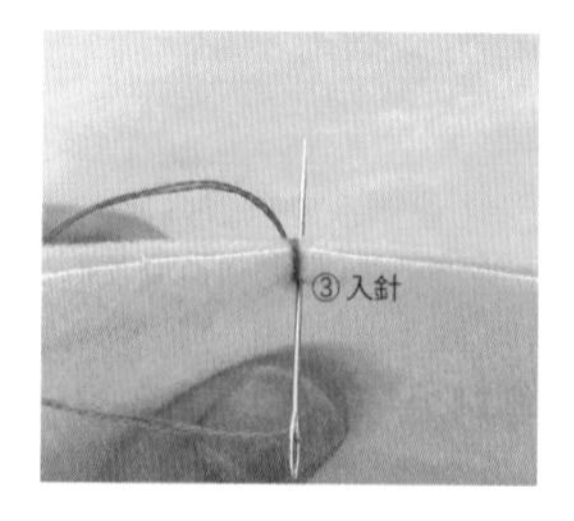

3. 將繡線繞至正面，緊貼著步驟②入針。重複步驟③直到環繞整圈外框。

像素畫胸針

準備物品　繡布表布、厚紙板（紙箱）、棉襯（扁平的薄棉花）、手工藝用黏著劑、針、縫紉線、熱融膠槍（速乾黏著劑）、剪刀

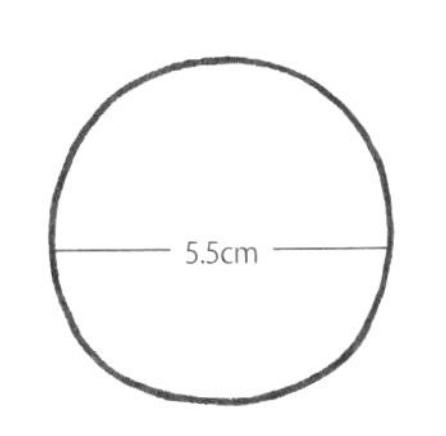

1. 在厚紙板畫出直徑約5.5cm的圓形，剪裁下來製作模板。

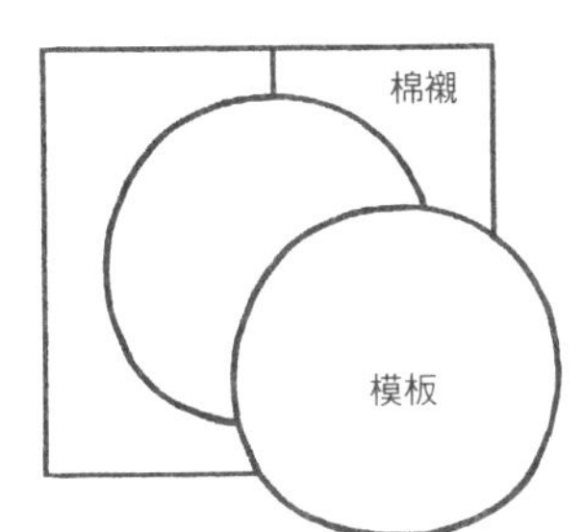

2. 在模板的邊緣薄薄地塗上手工藝用黏著劑，黏貼好棉襯，並沿著模具剪裁。

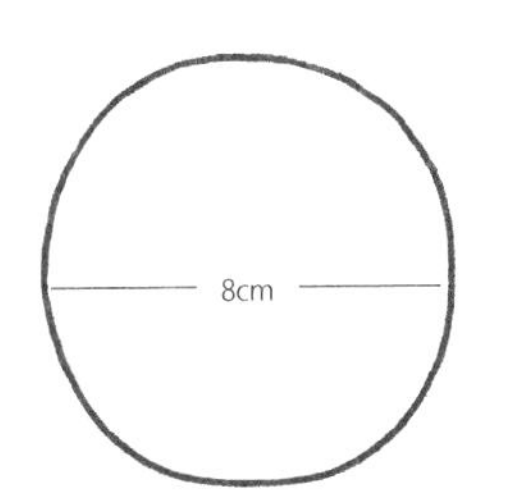

3. 使刺繡位在正中央，在周圍畫出直徑約8cm的圓形並剪裁下來。

4. 由刺繡的正面沿著最外圈縫紉，縫線的末端不打結，將線尾預留在外側。

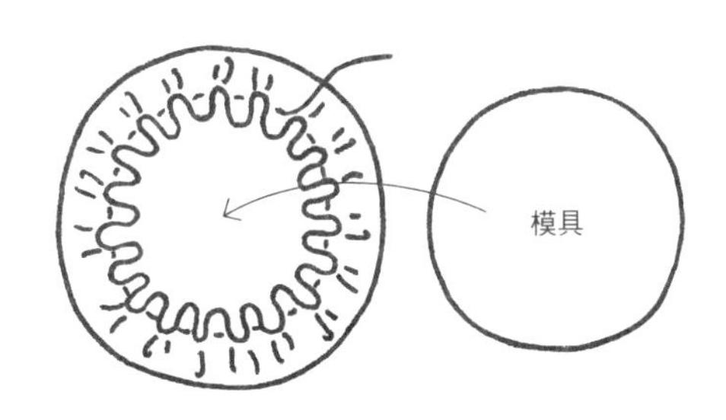

5. 收緊線尾，直到繡布緊繃出彎曲的型態，將模具放入繡布中、棉襯朝內側。

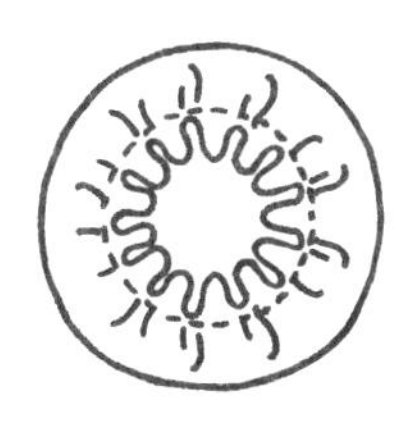

6. 持續用力收線，同時調整刺繡位置直到位於模具中央，再牢固地打好繩結。

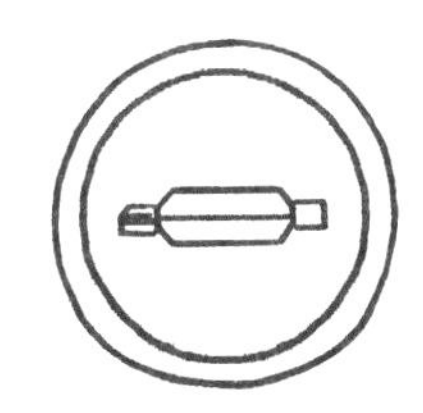

7. 將不織布修剪成圓形貼在背面，並用熱融膠或速乾黏著劑貼上胸針即完成。

復古花紋圖騰束口袋

準備物品 刺繡表布、底面表布、內襯裡布2張、棉質布標2款（寬3.5cm、1.5cm）、DMC 25號繡線938、縫紉線、針、剪刀

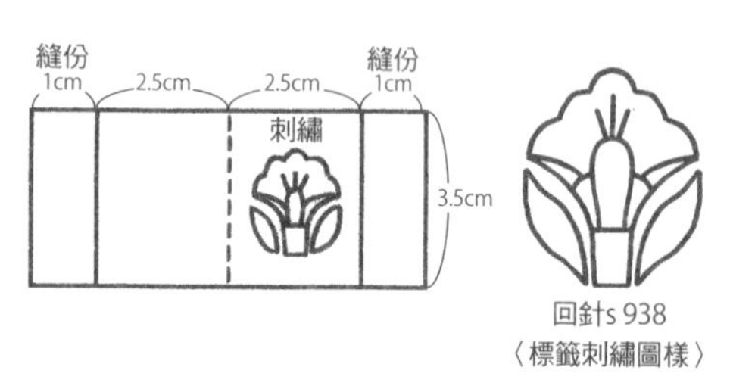

1. 裁剪一段3.5cm寬的棉質布標，將刺繡圖樣轉印至布標的「刺繡」位置上，取2股938號線以回針s繡出線條後，將布標對折。

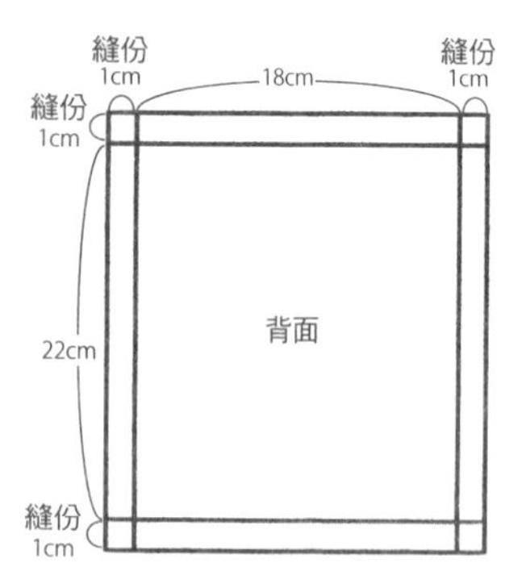

2. 將表布（刺繡）與裡布、底面表布與底面裡布都翻至背面，剪裁為相同大小。

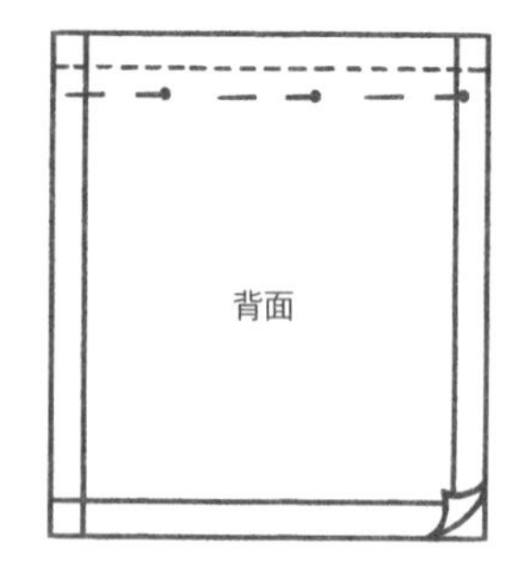

3. 將表布（刺繡）與裡布、底面表布與底面裡布分別將正面重疊對齊後，以別針固定，並在上緣沿著完成線以回針縫縫合。

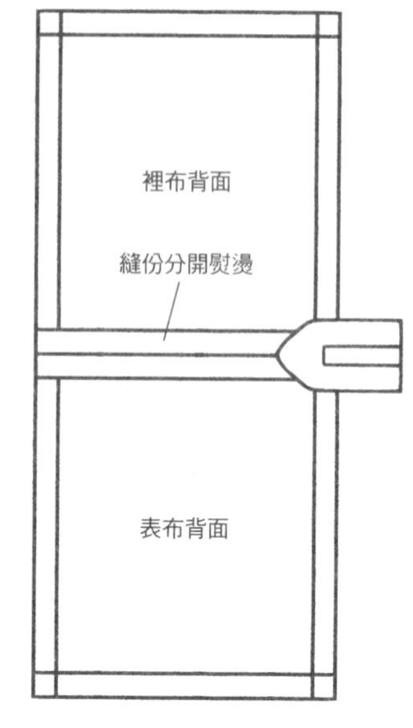

4. 分別將表布（刺繡）、底面表布與裡布都分別展開攤平，將縫份分開熨燙平整。

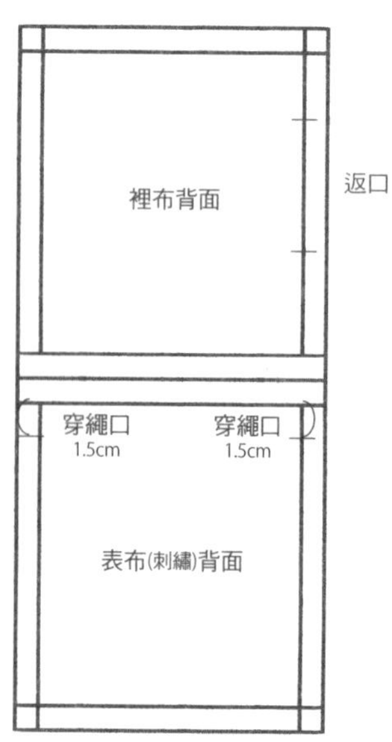

5. 在表布（刺繡）背面，縫份下方約1.5cm處標示出穿繩口位置，接著在裡布背面標示出返口位置。

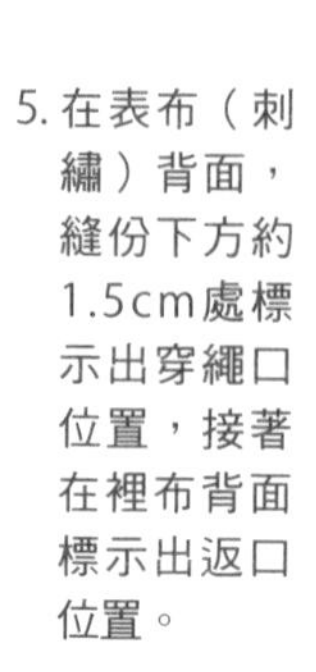

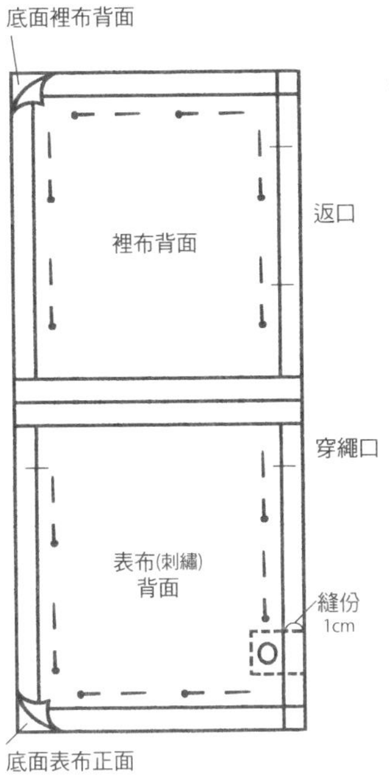

6. 將展開的表布（刺繡）與底面表布的正面重疊對齊，將標籤由側面放入表布內側，使刺繡面與刺繡面相對，縫份與完成線對齊。並用別針將整體固定。

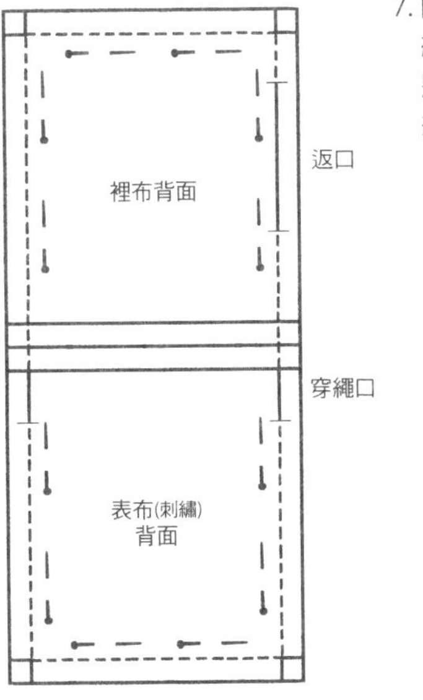

7. 除了返口與穿繩口位置外，將整體以回針縫縫合。

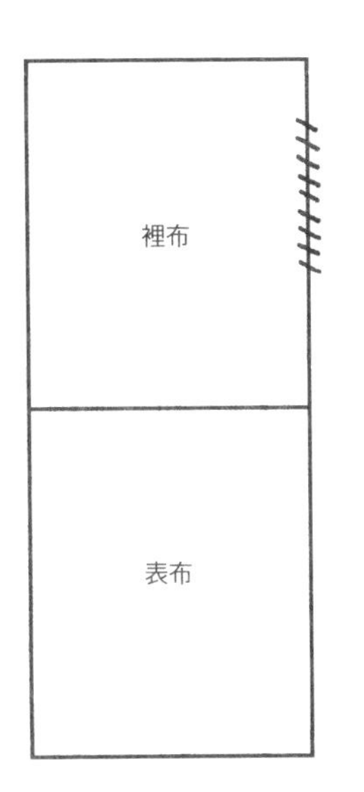

8. 將邊角處的縫份修剪窄短，由返口將表布翻回正面，把預留的縫份折入返口中，以藏針縫縫合（p.186）。

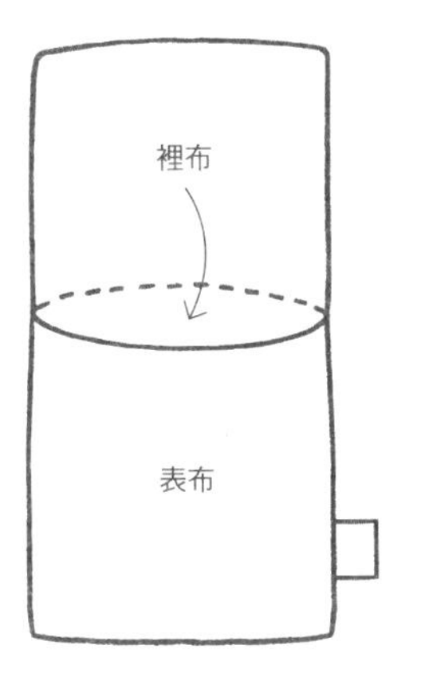

9. 將相互重疊的兩層表布分開，把內襯裡布塞入表布中，整理好形狀後，熨燙定型。熨燙時須留意不可直接在刺繡部分上加熱。

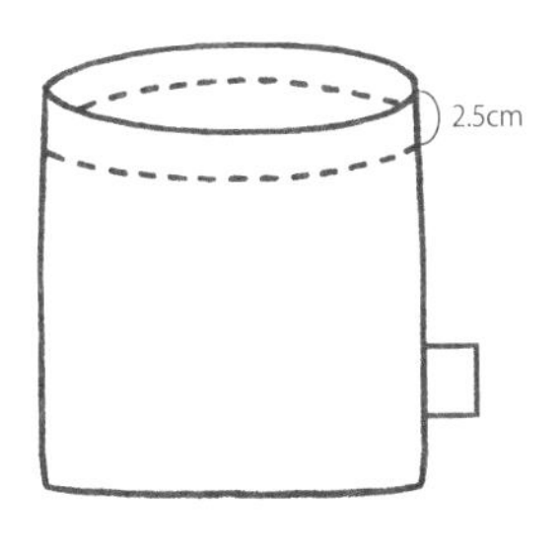

10. 將預留的穿繩口下方2.5cm處整圈以回針縫縫合。

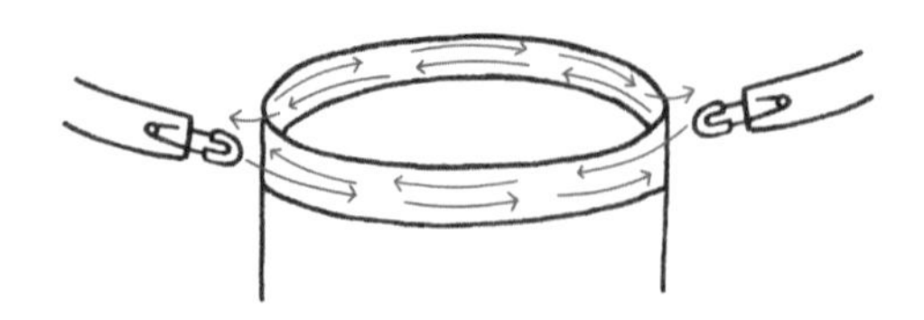

11. 在預留的穿繩口中穿入1.5cm寬的布標，先裁剪出足夠長度的布標，在一端別上別針，接著將別針塞入一側的穿繩口，往相同方向推送一圈再穿出洞口。反面也以相同方法穿入布標。

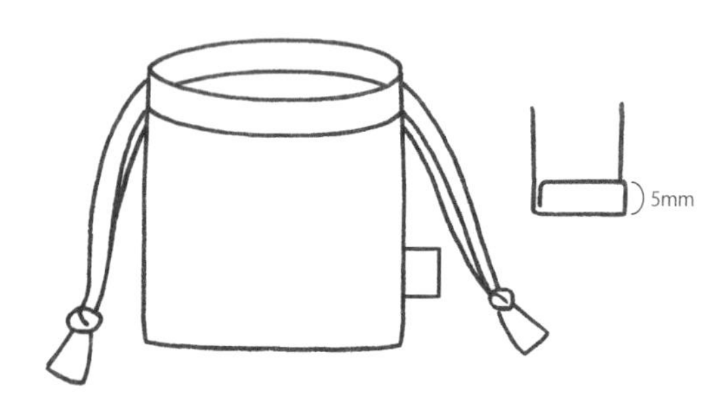

12. 將兩側的布標對齊後打好繩結。在布標末端約5mm處折疊兩次以平針縫縫合，或者貼上薄薄一層布用雙面膠熨燙黏貼，即可收尾。

小熊玩偶附蓋小袋子

準備物品　刺繡表布、底面表布、內襯裡布2片、針、剪刀、縫紉線、DMC 25號繡線224

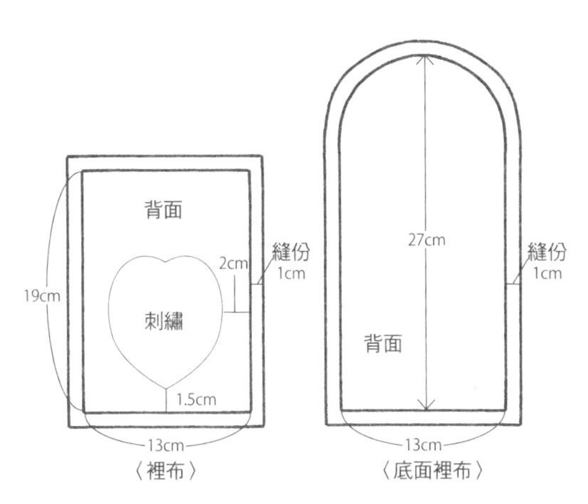

〈裡布〉　〈底面裡布〉

1. 將表布（刺繡）與裡布、底面表布與底面裡布都翻至背面裁剪，刺繡表布約在刺繡兩側間隔2cm，底部間隔約1.5cm畫出完成線。

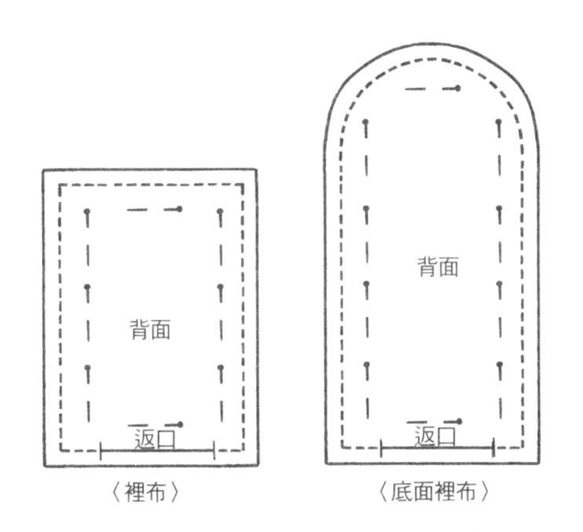

〈裡布〉　〈底面裡布〉

2. 將表布（刺繡）與裡布、底面表布與底面裡布分別將正面重疊對齊後，以別針固定。除了返口位置外將整體進行回針縫，底面半圓部分則以平針縫縫合。

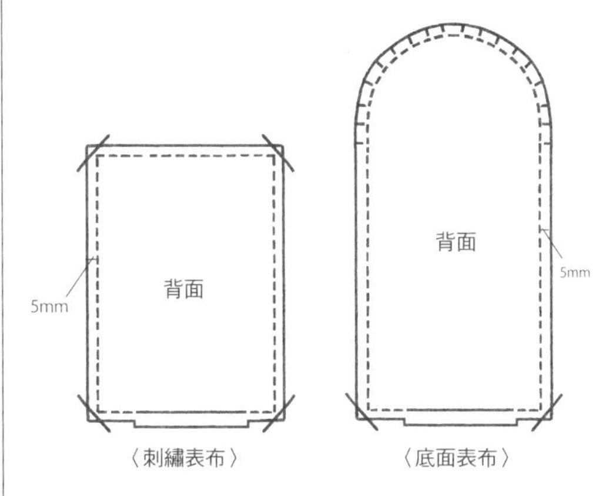

〈刺繡表布〉　〈底面表布〉

3. 除了返口位置，從間隔縫份約5mm處做裁剪，邊角部分則修剪成斜線，半圓形的蓋子部分沿著弧形修剪出切口。

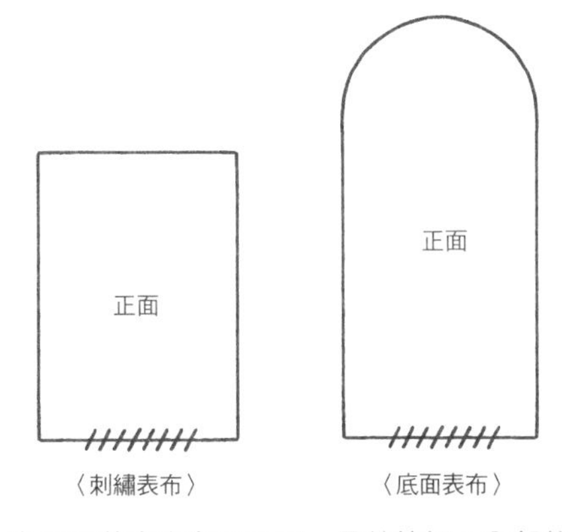

〈刺繡表布〉　〈底面表布〉

4. 由返口將表布翻回正面，用竹籤插入內部整理好整體形狀後，熨燙定型。將預留的縫份折入返口中，以藏針縫縫合（p.186）。

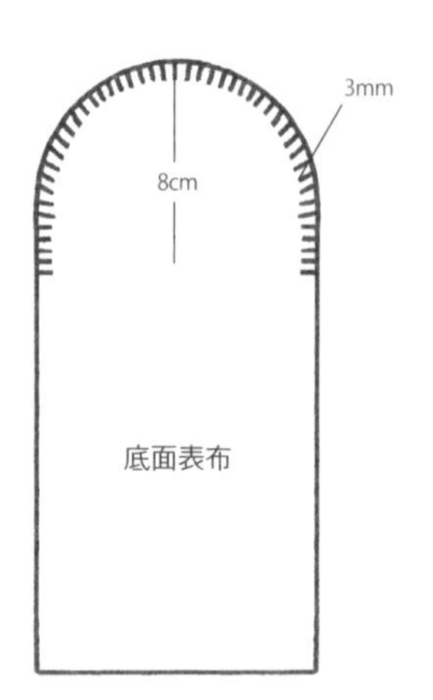

5. 在蓋子直徑約8cm的外圍處，以3mm為間隔進行毛邊s。

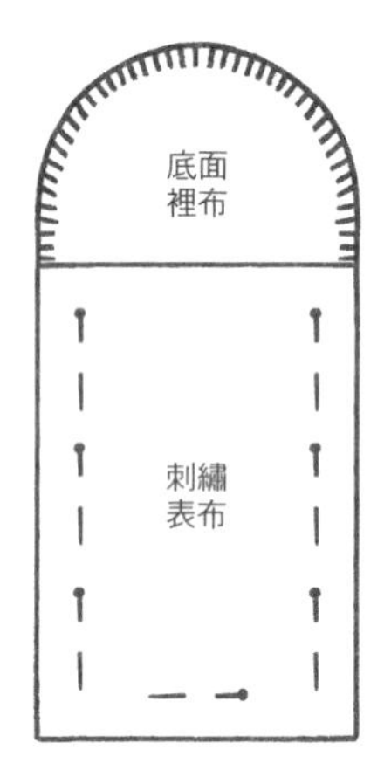

6. 將表布與底面裡布的底邊重疊對齊後，以別針固定。

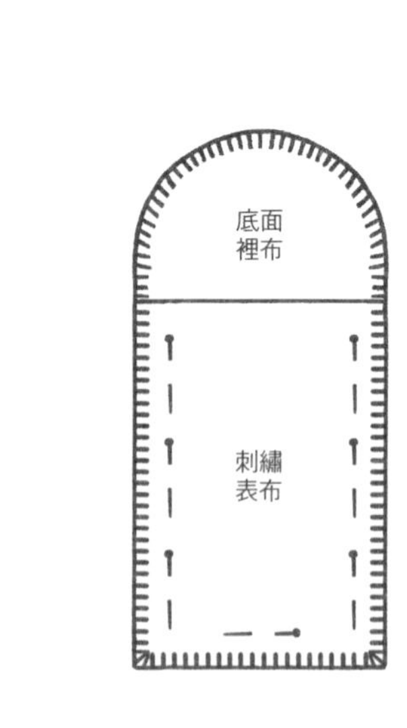

7. 在表布的兩側及底邊，以約3mm為間隔進行毛邊s。（參考p.192「在重疊的繡布上進行毛邊繡」）

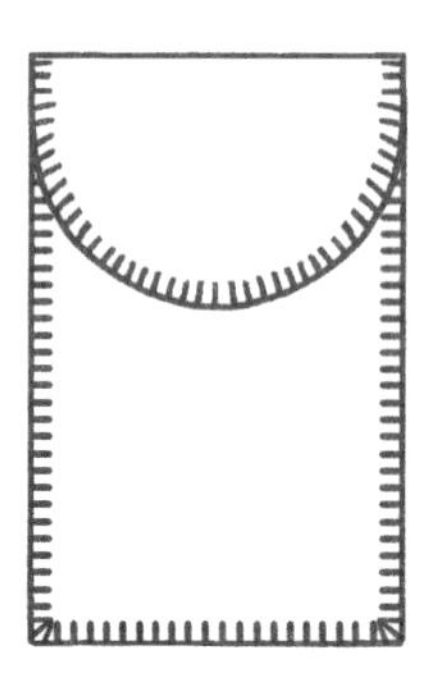

8. 將蓋子部分折下並熨燙平整。

THANK YOU
have a nice day!

little things

PLAY
PM 4:17
MAY.12 1990

愛手作系列 039

懷舊小日子！
我的復古手繡時光
：35 幅雜貨 × 老物件，繡出歲月流轉的生活印記

作　　者／盧智譓
主　　編／林巧玲
翻　　譯／林季妤
封面設計／N.H.Design
編輯排版／陳琬綾
發 行 人／張英利
出 版 者／大風文創股份有限公司
電　　話／02-2218-0701
傳　　真／02-2218-0704
網　　址／http://windwind.com.tw
E-Mail／rphsale@gmail.com
Facebook／大風文創粉絲團
http://www.facebook.com/windwindinternational
地　　址／231 台灣新北市新店區中正路 499 號 4 樓

台灣地區總經銷／聯合發行股份有限公司
電話／（02）2917-8022
傳真／（02）2915-6276
地址／231 新北市新店區寶橋路 235 巷 6 弄 6 號 2 樓

香港地區總經銷／豐達出版發行有限公司
電話／（852）2172-6533
傳真／（852）2172-4355
地址／香港柴灣永泰道 70 號 柴灣工業城 2 期 1805 室

初版一刷／2022 年 5 月
定價／新台幣 450 元

달눈의 레트로 감성 자수
(DALNUUN'S RETRO GAMSEONG JASU)

國家圖書館出版品預行編目（CIP）資料

懷舊小日子！我的復古手繡時光：35 幅雜貨 × 老物件，繡出歲月流轉的生活印記 / 盧智譓作.；林季妤翻譯 -- 初版. -- 新北市：大風文創股份有限公司, 2022.05　面；　公分
譯自：달눈의 레트로 감성 자수
ISBN 978-626-95315-7-8（平裝）

1.CST：刺繡 2.CST：手工藝

426.2　　111003287

線上讀者問卷

關於本書任何建議與心得，
歡迎和我們分享。

https://reurl.cc/73yKyN